高职高专土建施工与规划园林系列教材

园林美术

第二版

◉ 主 编 刘标斌 刘寿平

◉ 副主编 黄柏文

◉ 参 编 谢辉 刘婷 甘露 陈捷 李金玲 杨云燕 梁日凡

U0193787

华中科技大学出版社
http://press.hust.edu.cn
中国·武汉

内 容 简 介

本书包括绪论、园林透视基础训练、园林素描基础训练、园林钢笔画表现、园林风景色彩基础五大部分。

第一章介绍美术的分类及园林美术的作用等方面的知识,使学生对美术有比较系统的认识。第二章介绍透视知识,透视是园林景观表现中的重点,是学习过程中的难点。第三章讲解园林素描相关知识,介绍树木的画法、山石的画法、水及倒影的画法,园林小品、园林风景等绘画技法,通过各种园林景物基本画法训练,提高学生的绘画能力,培养学生的空间理解能力。第四章介绍钢笔画基础知识及其表现形式,包括钢笔线条画法、钢笔风景构成法则等。第五章为园林风景色彩基础,通过对色彩知识、绘画一般步骤等的介绍及其风景绘画作品的展示讲解,提高学生的绘画感悟力和审美水平。

图书在版编目(CIP)数据

园林美术/刘标斌,刘寿平主编. —2 版. —武汉:华中科技大学出版社,2024.1
ISBN 978-7-5772-0492-5

Ⅰ.①园… Ⅱ.①刘… ②刘… Ⅲ.①园林艺术-绘画技法-高等职业教育-教材 Ⅳ.①TU986.1

中国国家版本馆 CIP 数据核字(2024)第 015537 号

园林美术(第二版)
Yuanlin Meishu(Di-er Ban)

刘标斌　刘寿平　主编

策划编辑:袁　冲
责任编辑:张梦舒
封面设计:孢　子
责任监印:朱　玢
出版发行:华中科技大学出版社(中国·武汉)　　电话:(027)81321913
　　　　　武汉市东湖新技术开发区华工科技园　　邮编:430223
录　　排:武汉创易图文工作室
印　　刷:武汉科源印刷设计有限公司
开　　本:889 mm×1194 mm　1/16
印　　张:10.5
字　　数:379 千字
版　　次:2024 年 1 月第 2 版第 1 次印刷
定　　价:69.00 元

前言

YUANLIN MEISHU
QIANYAN

本书是根据全国高职高专园林专业学生现有美术知识和技能的实际掌握情况而编写的，同时在内容上进一步考虑了从事园林工作所需要具备的实际美术技能。

全书分为透视、素描、钢笔画、色彩、手绘表现等几个大部分。教学的目标分为了解、掌握、拓展三个递进的层次，在每个章节都做了相应的训练标准。

了解，即通过预习和课堂学习，学生能了解相关的知识。

掌握，即通过训练，学生能够掌握相关的知识以及技能。

拓展，即学生根据个人需求和发展，通过自学、研讨、调查等相关手段，进一步拓展技能和知识面。

本书是江西环境工程职业学院刘寿平、黄柏文主编的《园林美术》教材的修订版。本次修订由广西生态工程职业技术学院刘标斌主持。第一章由刘寿平编写，刘标斌修订；第二章由刘寿平编写，刘标斌修订；第三章由刘标斌编写并修订；第四章由刘标斌编写；第五章由刘标斌、谢辉、刘寿平编写，刘标斌修订。感谢刘婷、甘露、陈捷、李金玲、杨云燕、梁日凡等各位参编老师以及提供教学图片的老师。

本书采用了大量的优秀作品作为图例（可扫描每章节后的二维码查看清晰大图），由于时间仓促和联系不便，部分作者不能及时联系，在此表示诚挚的致谢和歉意。希望范画作者看到本书后与本书主编联系（联系地址：广西生态工程职业技术学院；邮编：545004）。

由于编者水平有限，书中难免有不足的地方，敬请读者提出宝贵意见和建议，以便今后完善。

编　者
2023 年 5 月

目录

YUANLIN MEISHU

MULU

第1章
绪论

YUANLIN

MEISHU

◀ ◀ ◀ ◀

◀ ◀ ◀ ◀

1.1

美术的概念和种类 ◀◀◀

美术是以一定的物质材料塑造可视的平面或立体形象,以反映客观世界和表达对客观世界的感受的一种艺术形式。因此,美术又称为"造型艺术""空间艺术"。

在艺术分类中,美术又称造型艺术、视觉艺术、空间艺术。它是指艺术家运用一定的物质材料,如颜料、纸张、画布、泥土、石头、木料、金属等,塑造可视的平面或立体的视觉形象,以反映自然和社会生活,表达艺术家的思想观念和感情的一种艺术活动。它主要包括绘画、雕塑、工艺美术、建筑艺术等类型。

1. 绘画

绘画是造型艺术中最主要的一种艺术形式。它是指运用线条、色彩和形体等艺术语言,通过造型、设计和构图等艺术手段,在二维空间里塑造出静态的视觉形象,以表达作者审美感受的艺术形式。绘画作品如图 1-1 至图 1-4 所示。

图 1-1 蒙娜丽莎 达·芬奇

图 1-2 千里江山图 王希孟

2. 雕塑

雕塑是用可雕刻和塑造的物质材料制作出具有实体形象、以表达思想感情的一种艺术形式。雕塑的种类可以从不同的角度来划分。按制作工艺来分,雕塑可分为雕和塑。雕是从完整而坚固的坯体上把多余部分删削、挖凿掉,如石雕、木雕、玉雕等;塑是用具有黏结性的材料连接、构成所需要的形体,如泥塑、陶塑等。按题材来分,雕塑可分为纪念性雕塑、建筑装饰性雕塑、城市园林雕塑、宗教雕塑、陵墓雕塑、陈列性雕塑。雕塑作品如图 1-5 至图 1-7 所示。

图 1-3　水彩画(一)　王巍

图 1-4　水彩画(二)　怀斯

图 1-5　秦始皇兵马俑

图 1-6　米洛斯的维纳斯

图 1-7　星光旅行者　清华大学

3. 工艺美术

工艺美术是指将日常生活用品经过艺术化处理以后,使之具有强烈的审美价值的产品。一般把工艺美术分为实用工艺美术和陈设欣赏工艺美术。实用工艺美术是整个工艺美术的主体和基础,包括衣、食、住、行、用的工艺品种类。陈设欣赏工艺美术是指那些以摆设、观赏功能为主的工艺品,如玉器、金银首饰、景泰蓝、漆器、壁挂、陶艺等,如图1-8和图1-9所示。

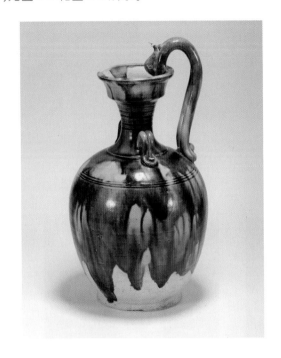

图1-8　唐代　三彩凤首赏瓶

图1-9　18世纪梅森　陶瓷茶壶

4. 建筑艺术

建筑是建筑物和构筑物的统称。它是人类用砖、石、瓦、木、金属等物质材料在固定的地理位置上修建或构筑内外空间、用来居住和活动等的场所。建筑艺术则是指按照美的规律,运用建筑艺术独特的艺术语言,使建筑形象具有文化价值和审美价值,具有象征性和形式美,体现出民族性和时代感,如图1-10和图1-11所示。

图1-10　中国　万里长城

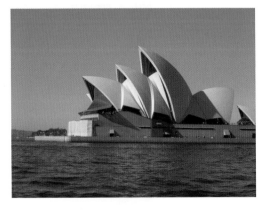

图1-11　澳大利亚　悉尼歌剧院

园林与园林美术 ◀◀◀

园林是在一定的地域运用工程技术和艺术手段,通过改造地形(筑山、叠石、理水)、种植树木花草、营造建筑和布置园林道路等途径创作而成的美的自然环境,如图 1-12 和图 1-13 所示。

图 1-12 苏州 拙政园

图 1-13 奥地利 美泉宫

园林艺术是对环境加以艺术处理的理论与技巧,它是与功能相结合的艺术,是有生命的艺术,是与科学相结合的艺术,是融汇多种艺术形式于一体的综合艺术。园林艺术强调意境,通过园林的形象所反映的情意使游赏者触景生情,从而产生情景交融的一种艺术境界。中国园林艺术是自然环境、建筑、诗、画、楹联、雕塑等多种艺术的综合。园林意境是产生于园林境域的综合艺术效果,给游赏者以情意方面的信息,唤起以往经历的记忆联想,产生物外情、景外意。

园林艺术也是一门艺术与功能相结合的造型艺术。园林美术是一门相对独立,以绘画艺术为基础,处于园林环境规划(绿化)设计和绘画艺术两者之间,并将两者融为一体的学科。

园林是自然的一个空间境域,与文学、绘画有相异之处。园林意境寄情于自然物及其综合关系之中,情生于境而又超出由之所激发的境域事物之外,给感受者以余味或遐想余地,将客观的自然境域与人的主观情意相统一。

园林与文学、绘画在中国历史上几乎是同步发展、互相影响的。园林的设计意图与园林环境形式用绘画的形式来表现,其实并不是什么新课题。早在几百年前,我们的祖先就曾用绘画的语言表达宫苑的设计概貌。我国优秀的古典园林之所以能有极高的艺术价值,首先在于它与传统绘画艺术等关系极为密切,园林空间艺术和诗情画意融为一体。

园林美术属边缘学科,是园林工作者用来表现园林及园林美的一种形式。它以绘画为基础,帮助园林专业学生提高审美能力与艺术修养,培养形象思维能力和绘画的基本造型能力,以更好地体现园林设计与施工养护、管理的需要。这属于实用美术范畴。

学习园林美术是为了帮助学习园林规划设计、园林绿化和园林施工管理等专业技术知识的学生提高艺术素养,培养形象思维和丰富的想象能力及审美能力,并掌握一些美术理论和表现技法、技巧,更好地表现园林规划设计与绿化施工组织意图的需要而开设的一门课程。

1.3

造型表现手段及术语 ◀◀◀

造型艺术中创造艺术形象的手法和手段,如绘画借助于色彩、明暗、线条和透视,雕塑借助于体积和结构等,通过长期的艺术实践,形成了这些造型艺术各自独具的艺术语言,并决定了这些艺术各不相同的表现法则,关系到塑造艺术形象的成败,以及艺术作品的感染力。艺术家对造型表现手段的规律性的不断探索,精益求精,是使艺术创作能够表现新的生活内容和满足人们不断发展的审美爱好的必要条件。

1.二维空间

二维空间是绘画术语。它指由长度(左右)和高度(上下)两个因素组成的平面空间。如绘画等,没有实际的纵深效果,而是在二维空间中追求造型效果来获得艺术表现力。

2.三维空间

三维空间是绘画术语。它指由长度(左右)、高度(上下)、深度(纵深)三个因素构成的立体空间。在绘画中为了真实地再现物象,往往借助透视、明暗等造型手段,在平面上表现三维空间的立体和纵深效果。

3.质感

绘画、雕塑等造型艺术通过不同的表现手法,在作品中表现出各种物体所具有的特质,如丝绸、肌肤、水、石等物的轻重、软硬、糙滑等不同的质的特征,给人们以真实感和美感。

4.量感

量感是指借助明暗、色彩、线条等造型因素,表达出物体的轻重、厚薄、大小、多少等感觉。如山石的凝重,风烟的轻逸等。绘画中表现实在的物体都要求传达对象所特有的分量和实在感。运用量的对比关系,可产生多样统一的效果。

5.空间感

在绘画中,依照几何透视和空气透视的原理,描绘出物体之间的远近、层次、穿插等关系,使之在平面的绘画上传达出有深度的立体的空间感觉。

6. 体积感

体积感是绘画术语。它指在绘画平面上所表现的可视物体能够给人以一种占有三维空间的立体感觉。在绘画上,任何可视物体都是由物体本身的结构所决定,并由不同方向、角度的块面所组成的。因此,在绘画上把握被画物的结构特征和分析其体面关系,是实现体积感的必要步骤。

7. 透视

透视是绘画术语。"透视"一词源于拉丁文"perspclre"(看透)。最初研究透视是采取通过一块透明的平面去看景物的方法,将所见景物准确描画在这块平面上,即形成该景物的透视图。后遂将在平面画幅上根据一定原理,用线条来显示物体的空间位置、轮廓和投影的科学称为透视学。

8. 明暗

明暗是绘画术语。它指画中物体受光、背光和反光部分的明暗度变化及对这种变化的表现方法。物体在光线照射下出现三种明暗状态,称三大面,即亮面、中间面、暗面。三大面光色明暗一般又表现为五个基本层次,即五调子:① 亮面——直接受光部分;② 灰面——中间面,半明半暗;③ 明暗交界线——亮部与暗部转折交界的地方;④ 暗面——背光部分;⑤ 反光——暗面受周围反光的影响而产生的暗中透亮部分。依照明暗层次来描绘物象,一直是西方绘画的基本方法。文艺复兴时期瓦萨里在其《美术家列传》中就曾论述,作画时,画好轮廓后,打上阴影,大略分出明暗,然后在暗部又仔细做出明暗的表现,亮部亦然。

9. 轮廓

轮廓是造型艺术术语。它指界定表现对象形体范围的边缘线。在绘画和雕塑中,轮廓的正确与否,是作品的成败关键。

10. 构图

构图是造型艺术术语。它指作品中艺术形象的结构配置方法,是造型艺术表达作品思想内容并使人获得艺术感染力的重要手段。

11. 色彩

色彩是绘画的重要因素之一。它是指各种物体不同程度地吸收和反射光量,由于物体质地不同,以及对各种色光的吸收和反射的程度不同,使世间万物形成千变万化的色彩。

12. 色相

色相指色彩可呈现出来的质的面貌。自然界中各种不同的色相是无限丰富的,如紫红、银灰、橙黄等。

13. 色度

色度指颜色本身固有的明度。如七种基本色相中,紫色色度最深、最暗,黄色色度最明亮。

14. 色调

色调亦称调子。在一定的色相和明度的光源色的照射下,物体表面笼罩在一种统一的色彩倾向和色彩氛围之中,这种统一的氛围就是色调。

15. 色性

色性是色彩的属性。色彩基本分为暖色(也称热色)和冷色(也称寒色)两类。红、橙、黄为暖色,给人以热烈、温暖、外张的感觉;绿、青、蓝、紫为冷色,给人以寒冷、沉静、内缩的感觉。

1.4

"美"与美术在园林艺术中的地位与作用 ◀◀◀◀

一个园林工作者应该具备一定的审美水平、艺术修养和掌握表现设计意图的技能的能力。一个园林工作者的艺术修养主宰和支配着他的设计构思、创作意念。当他进行设计、创作的时候,就必然会体现出一种审美观念。

"美"是园林艺术的活力和生命。园林的设计和建造过程就是创造"美"的过程,它与其他艺术门类一样都是以表现"美"为目的的。当然,不同地域的园林有不同的审美要求。在东方,以中国古典园林为代表的再现自然山水式园林所创造的和谐之美是"天人合一"的园林美。在西方,以法国古典主义园林为代表的几何形园林所创造的整齐之美、均衡对称之美则是严格几何制约的园林美。

园林美术可培养学生的空间理解能力、透视分析能力和景物表现能力。通过素描、速写、色彩等技能的学习,能使学生掌握造型的基本原理、规律,进而学会造型的基本技能。

1.5

如何学好"园林美术"课程 ◀◀◀◀

学习园林美术和学习其他课程一样,要遵循从简到繁、由浅入深、循序渐进的原则,它有三大能力的训练。

1. 空间理解能力的训练

园林美术是实用美术与绘画艺术相结合的产物,绘制园林鸟瞰图,其画面形象的准确性与真实感要求很高,它不能像纯绘画创作那样带有主观随意性,更不能离开设计意图而用写意变形的方法来表现对象。因此绘画基础知识的学习是必不可少的。要了解透视规律,掌握形体比例、结构及构图法则等,可以通过素描的练习来实现这些。

素描作为一切造型艺术的基础,是园林美术专业的学生必须学习掌握的内容之一,主要学习明暗素描、结构素描,培养速写等技能。在素描写生过程中加强对透视、形体结构、形体比例和构图知识的理解,培养空间理解与表现能力。

2. 色彩和色彩构成的知识培养

了解色彩的物理属性;掌握色彩的分类与特性,色彩与心理特征,色彩构成形式的变化;了解色彩构成在设计中的功能。结合色彩学与色彩构成理论的内容,需要强化掌握以下几点:理解色彩的原理,解析色彩的现象;了解色彩的心理属性;懂得对色彩的观察方法,提高对色彩的敏感度;把握色彩的规律,掌握色彩的应用。

3. 综合艺术修养训练

园林工作者要扩展自身知识的广度和深度,广泛涉猎相关造型艺术的理论与园林知识,尤其是艺术知识,如美学、艺术史、美术鉴赏等知识。多观察相关艺术作品,通过广泛的考察、观摩和分析,可以开阔视野,探索更多的美术或设计表现形式和方法,并且从传统的艺术思想中汲取营养。在艺术创作中没有一种新的风格和思潮是凭空产生的,正如许多现代画家都从古典主义绘画中汲取过营养一样,很多现代主义园林设计师也是从中国、法国、意大利的古典主义园林中获得灵感的。无论是美术作品还是风景园林作品,都能体现时代特征,这也正是美术作品和园林作品作为社会文化的一部分得以流传的关键。为此,园林工作者应该广泛涉猎相关艺术知识,提高审美能力和鉴赏能力,由此提高自己的艺术构想和艺术想象。

总的来说,园林美术的学习注重技能训练,同时要综合提高自身的艺术修养,以造型艺术基础训练为重点,培养自己的艺术作品感悟力和艺术作品创作能力。在园林规划设计和园林绿化中不仅仅是专业技巧的问题,还需要以人文内涵、艺术涵养为指导,才能有不俗之作。学习园林美术更要从审美的角度去观察事物,学会用手中画笔表现自然之美,探索艺术的规律,开阔艺术的视野,陶冶美的情操,改善与美化我们的生活环境。

第2章
园林透视基础训练

YUANLIN

MEISHU

◀ ◀ ◀ ◀

◀ ◀ ◀ ◀

透视基础知识 ◀◀◀

　　"透视"即"透而视之",就是透过透明平面看前方的景物,使三维的景物投影到二维的透明平面上,从而形成立体的图像。透视学是绘画、设计等视觉艺术的一门基础技法理论学科,它从理论上解释了物体在二维平面上呈现三维空间的基本原理和规律。透视原理图如图2-1所示。掌握透视学知识,能使我们判断所描绘对象的形体应该如何变化,从而在设计构思和绘画创作过程中,正确理解和灵活运用透视法则,表现丰富、多元的视觉效果,使绘画和设计作品更准确、更具艺术感染力。

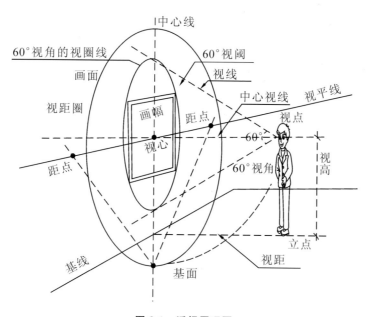

图 2-1 　透视原理图

技能目标

　　(1)初步具有徒手作图能力;

　　(2)具有根据不同条件完成透视图的能力;

　　(3)具有灵活运用所学透视技法的能力;

(4)根据实践案例、项目的要求能独立完成设计。

知识要求

本节的教学目标是使学生掌握透视学的基本概念,使学生能根据不同环境绘制出相应透视图。

(1)掌握透视学的基本概念、基本术语和构图方式;

(2)掌握绘制的物体空间的尺寸,为掌握绘制透视图的比例打下基础;

(3)掌握特定环境的透视变化因素;

(4)掌握几种透视图的制图方法。

素质目标

(1)具有较强的设计意识;

(2)具有艺术的、科学的、严谨的态度与思想。

任务分析

(1)通过理论知识讲授,以及范画与教师示范相配合,让学生了解并掌握一点透视的特点、规律及制图方法;

(2)通过学习实训,针对性地指导和讲评,面对面地与学生进行交流,帮助学生掌握透视技法在制图中的应用,提高动手能力和想象力。

1.一点透视

一点透视又称平行透视、焦点透视。它是最常用的透视形式,也是最基本的作图方式之一。以教室为例,当我们站在教室前面向后看时,会发现前后门窗的大小、高低,在视觉上均有变化,呈现近大远小、近高远低的现象,但它的实际大小、高低是一致的,没有实质变化。教室的各墙角线和门窗的顶线、底线等均向视中心消失,假设各墙角线继续向前伸延,便会聚集到一点上,这个点就是灭点,这种在画面上聚集灭点的透视现象就称为平行透视。平行透视原理图如图 2-2 所示。平行透视的实例很多,如教室、房屋、桌子、箱柜、车辆等。凡符合平行透视作图条件的都可称为平行透视。透视图示例图如图 2-3 所示。

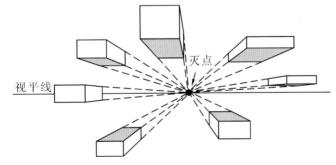

图 2-2　平行透视原理图

图 2-3　透视图示例图

1)直线道路透视训练

把自然景物表现在画面上,使二维的画面反映出三维的立体空间效果是一种科学的表现方法。以直线道路为例:它的高和宽与画面形成平行关系,所以容易反映,而表现它的画面进深是比较难的。物体透视的"进深"需要通过视平线上的灭点表现,如图 2-4 所示。

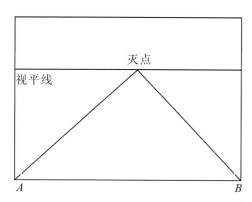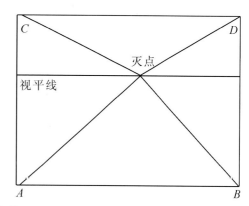

图2-4 灭点表现

其步骤如下。

(1)取景构图。

(2)找准视平线。

(3)找准灭点。

(4)用铅笔将景物形体结构缩形于透视线中。

(5)按形体结构、比例、透视关系大体布局后,再深入刻画。

灭点的示例图如图2-5所示,直线道路透视效果图如图2-6所示。

图2-5 灭点的示例图

图2-6 直线道路透视效果图

2)方形花坛透视训练

要反映方形花坛的平行透视图,同样需要用灭点法。在表现正方形透视深的基础上,确定方形花坛的高,再用得出的高点直接向灭点画消失线的形式,表现方形花坛的其余部分或用同样灭点法画出方形花坛的顶面或透视深,便得到方形花坛的透视图。方形花坛的透视图与效果图如图2-7所示。

其步骤如下。

(1)取景构图。

(2)找准视平线。

(3)找准灭点。

(4)用铅笔将景物形体结构缩形于透视线中。

(5)按形体结构、比例、透视关系大体布局后,再深入刻画。

图 2-7　方形花坛的透视图与效果图

2.成角透视

　　成角透视又称两点透视。当平放在水平基面上的立方体，与垂直基面的画面构成一定夹角时(不包括 0°、90°、180° 角,这样的立方体与画面构成了平行透视),称之为成角透视。

　　成角透视所画的空间和物体,都是与画面有一定偏角的立方体。在画面上的立体空间感比较强,画面中主要有左右两个方向的消失灭点,大多数与地面平行的纵深斜线消失于此两点,使画面产生强烈的不稳定感,但同时也具有灵活多变的特性。成角透视不同于平行透视画面——大多数线条是平行、垂直线,那样过于稳定和死板。在实践运用中往往根据需要采用不同的画法。比如:庄重、宏大的场面,适宜采用平行透视;娱乐、欢快的场面更适合用成角透视。成角透视原理图如图 2-8 所示。

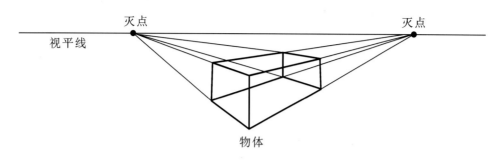

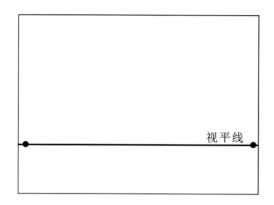

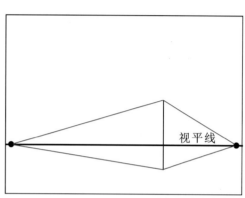

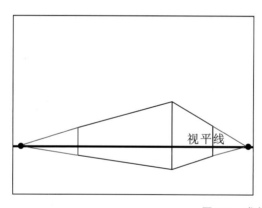

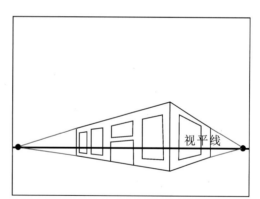

图 2-8 成角透视原理图

1)方形花坛成角透视训练

方形花坛成角透视图如图 2-9 所示,其步骤如下。

(1)取景构图。

(2)找准视平线。

(3)找准灭点。

(4)用铅笔将景物形体结构缩形于透视线中。

(5)按形体结构、比例、透视关系大体布局后,再深入刻画。

作品欣赏如图 2-10 所示。

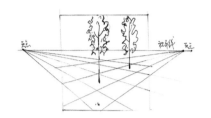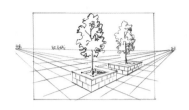

图 2-9　方形花坛的成角透视图

图 2-10　作品欣赏

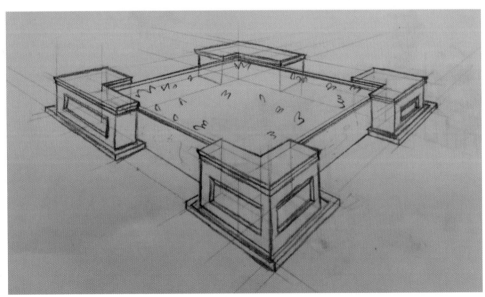

续图 2-10

2）建筑物成角透视训练

建筑物成角透视训练具体步骤如下。

（1）取景构图。

（2）找准视平线。

（3）找准灭点。

（4）用铅笔将景物形体结构缩形于透视线中。

（5）按形体结构、比例、透视关系大体布局后，再深入刻画。

建筑物成角透视作品如图 2-11 所示。

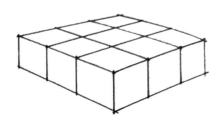

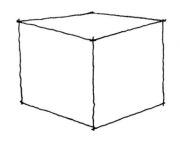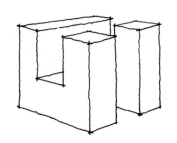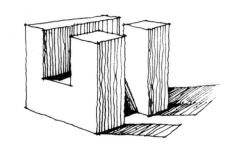

图 2-11　建筑物成角透视作品

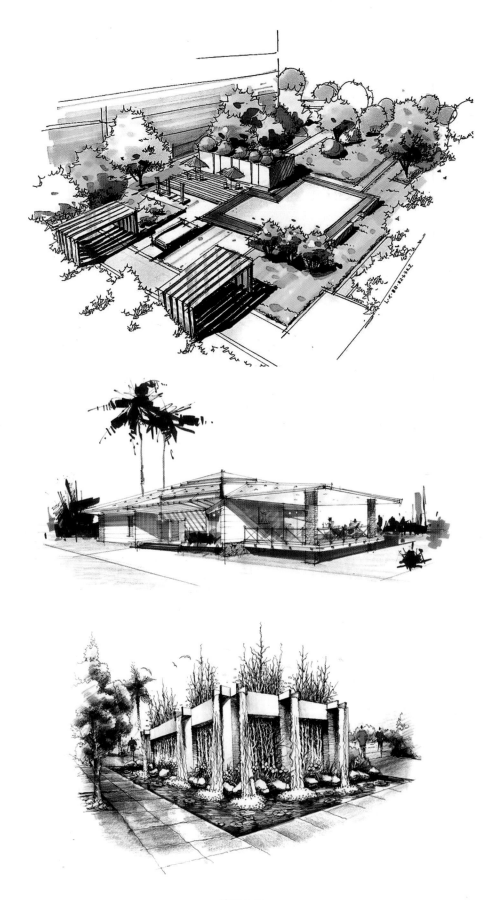

续图 2-11

续图 2-11

3.倾斜透视

与平行、成角透视对照,当平放在水平基面上的立方体与不垂直基面的画面构成一定夹角关系时,称之为倾斜透视。

倾斜透视的画面,具有强烈的不稳定感,画面视觉冲击力更强,给观者的震撼力更大。倾斜透视展现了不同于平行、成角透视的独特视角,往往是站在空中或高处向下俯视,或者是站在低处向上仰视。向下俯视时,画面的纵向线条压缩,产生纵深感强烈的效果,适合表现高大的物体。向上仰视时,画面形成上升感,适合塑造对人的心理产生一定影响的画面效果。总体上看,仰视和俯视夸张地表现了人的特殊视角,这是倾斜透视的显著特征。

1)俯视透视训练

俯视透视如图 2-12 所示。倾斜透视的画法,实际上运用的就是平行透视的"距点法"和成角透视的"测点法",主要采用等腰直角相似三角形和等腰相似三角形的原理。

完全俯视和完全仰视画法,与平行透视的画法相同,都采用距点测量,只是角度不同。

俯视、仰视透视训练及作品如图 2-13 所示。

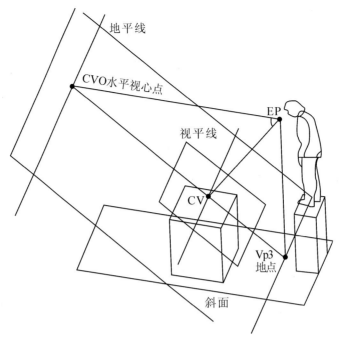

图 2-12 俯视透视

2)建筑物倾斜透视训练

建筑物倾斜透视训练如图 2-14 所示。倾斜透视画面所反映的视角是比较特殊的视角,不如平行透视、成角透视那样常见。此外,倾斜透视由于画法复杂,容易出现透视错误,因此在实践中应用较少。但也正是因为倾斜透视的特殊观察角度,常常能起到事半功倍的效果。倾斜透视在实践中用得比较多的是建筑物成角俯视和成角仰视。

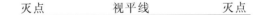

灭点　　　　　　　视平线　　　　　　　灭点

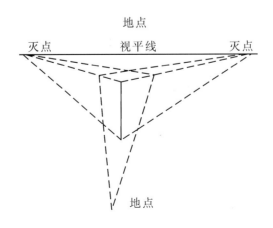

图 2-13 俯视、仰视透视训练及作品

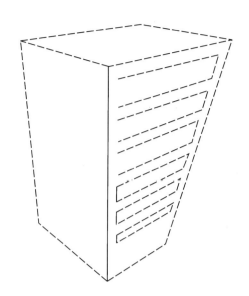 

续图 2-13

图 2-14 建筑物倾斜透视训练作品

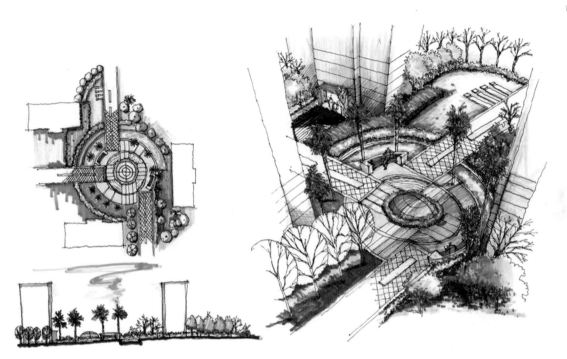

续图 2-14

续图 2-14

2.2

透视的应用 《《《

1. 绘制校园园林景观局部素描透视效果图

校园园林景观局部素描透视效果图如图 2-15 所示。

图 2-15　校园园林景观局部素描透视效果图

2.绘制城市园林景观局部透视效果图

城市园林景观局部透视效果图如图 2-16 所示。

图 2-16 城市园林景观局部透视效果图

续图 2-16

续图 2-16

3. 绘制圆形园林景观素描透视效果图

圆形园林景观素描透视效果图如图 2-17 所示。

图 2-17 圆形园林景观素描透视效果图

4.绘制不规则园林景观透视效果图

不规则园林景观透视效果图如图 2-18 所示。

图 2-18　不规则园林景观透视效果图

续图 2-18

第3章
园林素描基础训练

YUANLIN

MEISHU

素描是一种主要以线条和明暗的表现手法来描绘物体或人物形象的绘画。风景素描则是利用素描的手法专门表现自然景物的绘画方式。作为素描的重要组成部分,它不单纯是一种技法的练习,更多的是训练一个人对世界的客观认识,而对于园林专业的人来说,它也反映着作者对自然、生命的尊敬,对环境生态的触摸和对心灵审美的升华。素描作品如图 3-1 和图 3-2 所示。

图 3-1　荷兰画家凡·高的素描作品

图 3-2　意大利画家达·芬奇的素描作品

3.1

素描的基础知识 《《《

素描的工具一般以铅笔为主,它线条清晰,颗粒细腻,能够很好地控制画面黑白调子的变化。严格地说,铅笔只是素描表现的工具之一,素描表现的笔类工具,除了铅笔之外,还有炭笔、炭精条、木炭条、钢笔等诸多能绘制出单色画面的工具

进行素描练习的铅笔种类很多。按照笔芯的硬度划分:"H"表示硬,"B"表示软,字母前面对应的数字越

大,表示的硬度或软度就越高。常用的铅笔型号有以下几种:H、2H、2B、4B、6B。当然,素描明暗调子的变化更多是在用笔的力度和线条的重叠中达到目的的。除此之外,橡皮擦、铅笔刀、画架、画夹等工具也是素描所要具备的工具。如图 3-3 所示。

图 3-3　素描工具

3.2

园林素描的基本表现技法 ◀◀◀

学习素描,其一在于它的理念,其二则是我们在表现它时所利用的技法。每一个绘画工作者,都要经历从"走进技法"到"走出技法"的过程,通过一点点的积累达到最终的蜕变。

在园林风景素描的学习中,不管是用线还是用面,只需把握物体的明暗、块面、虚实等素描关系,并以它来作为贯穿全篇的线索,学习将会更加容易。

技能目标

能够通过练习掌握素描风景中一些园林要素的绘画方法,能够对画面主次具有一定的掌控能力,对画面空间具有一定的表达能力。

知识目标

通过对明暗、绘画步骤、点线面、空间虚实的学习,了解素描的一般绘画规律。

素质目标

培养良好的美学欣赏能力,培养对生活、对自然的审美观察能力以及热爱。

任务一 绘画的构图与步骤

技能要求

了解和掌握绘画的基本姿势、线条。

知识要求

了解绘画的基本知识和一般的构图原理。

引领项目

基础几何训练。

任务分析

初学绘画,特别要注意的大概有三点。其一是执笔和坐姿等姿势,其二是线条的排列,其三则是画面的构图。它们在能力上要求并不高,容易入手,是一种较为中规中矩的基础训练。几何是一切造型的基本型,几何的训练除了有利于把握透视外,还有利于对线条和构图的掌握。

相关知识

执笔、线条、构图。

(1)执笔。

绘画中,作画的姿势和方法直接影响到绘画的效果,正确的执笔、坐姿有利于轻松愉快地完成绘画,达到事半功倍的效果。一般采用固定座位作画,画者一手拿笔,一手握住画板的上部,将画板支于膝上(也可置于画架上)。作画时,要求画者上身挺立,握画板的手臂要尽量伸直并保持足够的距离。画板与画者视线约成90°角。拿笔的手臂也要相应的前伸,并保持足够的活动范围。执笔方法如图3-4所示。

图 3-4 执笔方法

（2）线条。

绘画的表达形式很多,但线条则是最常见和最重要的手段。要准确描绘物体必须掌握物体的形体轮廓,要求懂得辅助线、结构线在绘画中的运用。简而言之,线条就是铅笔通过手腕或手臂摆动在画面中所产生的或轻或重或直或曲的线性痕迹。在线条的绘画中比较讲究的是轻入轻出、均匀有力。线条练习如图 3-5 所示。

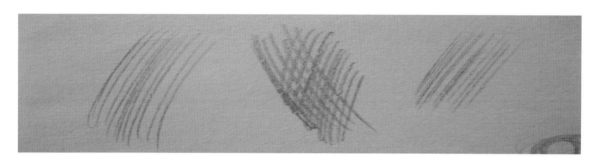

图 3-5 线条练习

（3）构图。

相信每一个朋友都知道《蒙娜丽莎》,也相信每一个同学都学过"黄金分割",一幅画面要把它最美的地方展现给大家,就必须要一个主体,而主体的突出则需要一个构架,构架应该是一幅画面的一部分。在一幅纷繁复杂的风景画面中,需要通过一个构架来确定画面的重心与主题。画面的构图过大则满,过小则空,过正则呆板。

▌任务实施▐

构图训练如图 3-6 所示,不同的构图情况如图 3-7 至图 3-9 所示。

图 3-6 构图训练

图 3-7 构图过小画面显得过空

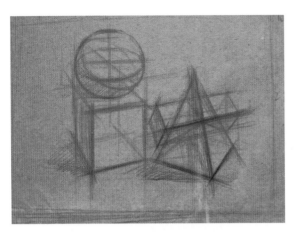

图 3-8　构图过大画面显得过挤

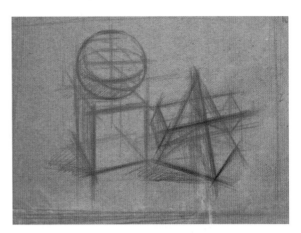

图 3-9　构图适当

　　构图时一般要使画面产生平衡感;画面下方留空可以略多于上方;投影一方留空可略多于受光方向;量感重的物体留空可略多于轻的物体。

　　图 3-10 所示的是一幅较为规矩的矩形组合写生,画面中刻意平行放置的物体,拥有相同的消失点和透视线。绘画步骤如图 3-11 至图 3-14 所示。

图 3-10　矩形组合写生

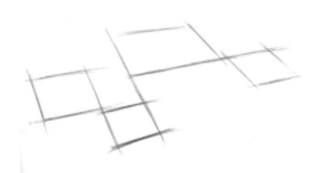

图 3-11　分析静物的平面图和其空间透视图,这一
　　　　　步着重训练了平面图像的空间透视能力

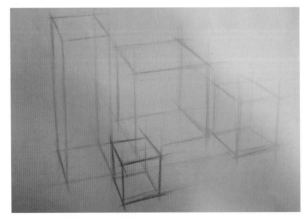

图 3-12　在平面图、透视图的基础上,拉高垂直线,获得物体的纵向
　　　　　透视形体。切记全局入手,注意线条的运用

图 3-13　进一步整体刻画物体,注意区分物体的前中后不同空间的线条虚实关系,
　　　　加重强调物体前面空间的线条

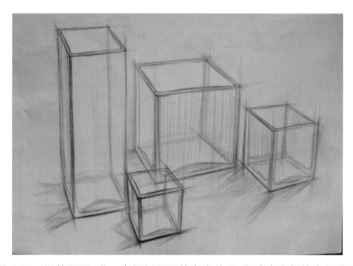

图 3-14　调整画面,进一步把握画面的虚实关系,塑造出良好的空间关系

任务二　结构素描的作用与技法

在风景园林素描中,结构素描的练习有助于我们对空间的把握,也有助于平立剖思维的养成。在园林绘画中,结构素描同样以几何体的形式入手,几何体的方圆和三角,分别代表了园林绘画中的方体、圆形以及锥体,通过学习,我们可以有效地把握比如方形树池、圆形水池、锥形屋顶等基本园林造型。

技能目标

通过学习基础结构素描,能够对几何形体的结构有一定的掌握,能够画出透视正确的几何体结构。

知识要求

了解透视在绘画中的运用及特点。

引领项目

几何体和静物结构训练如图 3-15 至图 3-25 所示。

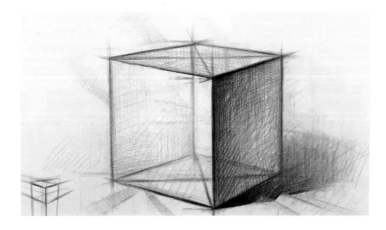

图 3-15　正方体

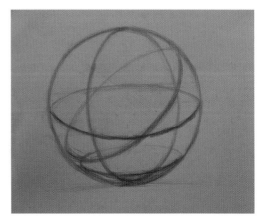

图 3-16　圆球体

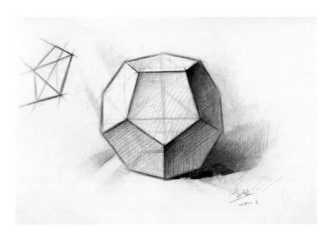

图 3-17　多面体

图 3-18　圆柱体

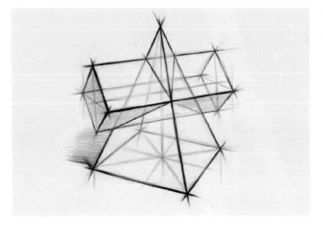

图 3-19　穿插体

图 3-20　结构几何　钟文森

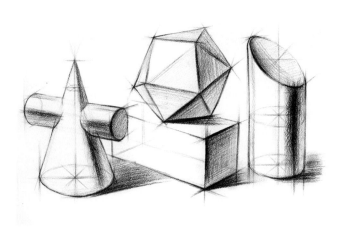

图 3-21　几何体组(一)

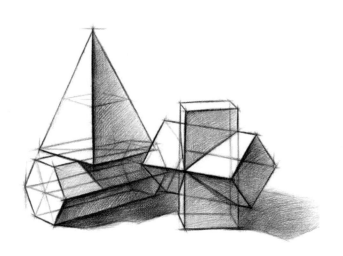

图 3-22　几何体组(二)

图 3-23　静物结构素描(一)

图 3-24　静物结构素描(二)

图 3-25　静物结构素描（三）

任务三　光影素描的作用与技法

　　光影是自然界中的一种自然现象,明暗是指光线照射在不同形体结构的物体上而产生的黑白变化。如果说素描的结构练习有助于结构和透视的表达,那么素描的光影练习更加有助于对空间的表达,素描的明暗也在一定层次上反映了我们对空间和虚实的感受。通常,因为光线较弱或不断散射,所以我们平常大部分时间看到的物体并没有很明显的明暗变化,而在素描训练中,明暗的表达则更有利于我们表现物体的体积和块面,有利于空间的刻画。在园林绘画中,我们通过明暗的训练来达到对画面和环境空间的审美塑造,也通过明暗训练,使自己在色彩绘画的时候能够有一定的明暗基础。

■ 技能目标 |

　　通过学习基础明暗素描,能够对光影有一定的掌握,能够准确画出对象亮灰暗的变化。

■ 知识要求 |

　　了解明暗在园林绘画中的运用及特点。

■ 引领项目 |

　　几何体和静物明暗训练。

■ 相关知识 |

　　三大面与五大调子。

　　(1)三大面。

　　物体在光线照射下出现三种明暗状态,称三大面,即亮面、中间面、暗面。

　　(2)五大调。

　　三大面光色明暗一般又表现为五个基本层次,即五大调:①亮面──直接受光部分;②灰面──中间面,半明半暗;③明暗交界线──亮部与暗部转折交界的地方;④暗面──背光部分;⑤反光──暗面受周围反光的影响而产生的暗中透亮部分。五大调如图 3-26 所示,作品实例如图 3-27 所示。

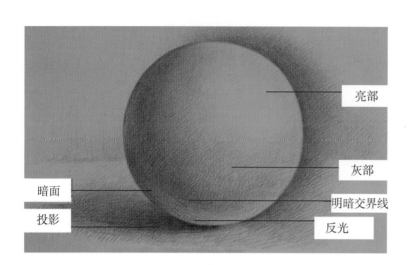

图 3-26　明暗分析

图 3-27　石膏体光影表达　刘标斌

(3)明暗交界线。

明暗交界线其实不是线,它只是物体在光线下黑与白的一个界限,或者说是明暗转折。因为物体的形体是不断变化的,在明暗上也是不断变化的,所以明暗交界线也可以说是明暗交界的若干个连续的面。

(4)反光。

反光是经过周围物体对光的散射和反射,到绘画对象上的微弱光线,其亮度比明暗交界线亮,比灰部暗,还是属于暗部的范围。

(5)投影。

光线下的物体均有投影,它的形状多变,虚实变化也明显。

任务实施

光影表达作品如图 3-28 至图 3-37 所示。

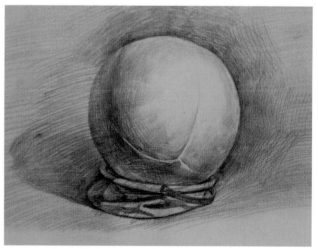

图 3-28　圆形石膏体光影表达　刘标斌

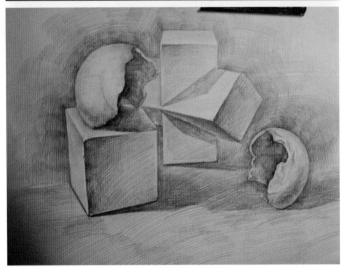

图 3-29　石膏体组光影表达　刘标斌

图 3-30　静物光影表达(一)　刘标斌

图 3-31　静物光影表达（二）　刘标斌

图 3-32　几何体组光影表达（一）　韦伊纹

图 3-33　几何体组光影表达（二）　韦伊纹

图 3-34　不同几何体的光影表达（一）　刘标斌

图 3-35　不同几何体的光影表达(二)

图 3-36　不同几何体的光影表达(三)

图 3-37　不同几何体的光影表达(四)

任务四　园林要素的基本画法——树池、园灯

　　树池的绘画作为从美术到专业的第一个环节,其实都是在方与圆的基础上下功夫。我们的美术不仅要学得扎实,而且要学得灵活,能够学以致用,还要在最短的时间内达到最好的效果。有针对性地参加绘画训练活动,提升绘画水平。

　技能目标

　　结合前面所学习的几何透视技法,能够绘画出结构透视准确的基本树池。

　知识要求

　　进一步理解透视关系。

引领项目

树池、园灯素描练习。

任务分析

本任务从物体的基本几何形出发,利用树池与几何体透视的一致性进行刻画练习,让学生有目的、有针对性地进行训练。

任务实施

树池与园灯的绘画作品如图 3-38 至图 3-46 所示。

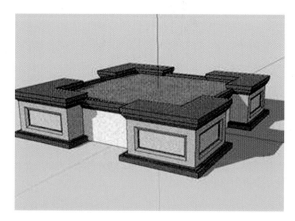

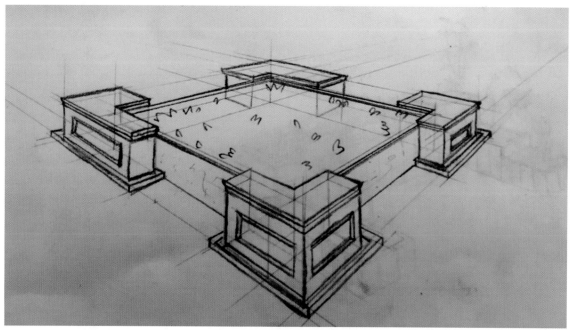

图 3-38 方形树池(一) 戴佳玲

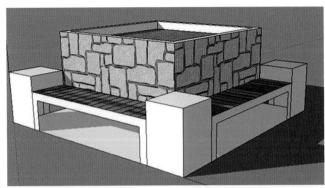

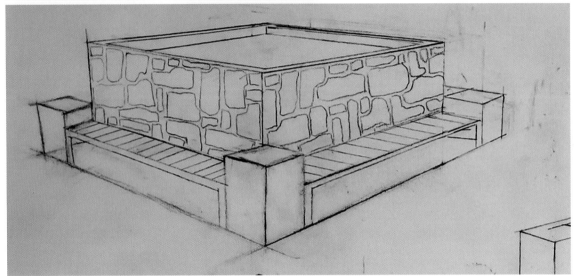

图 3-39 方形树池(二) 陈庆梅

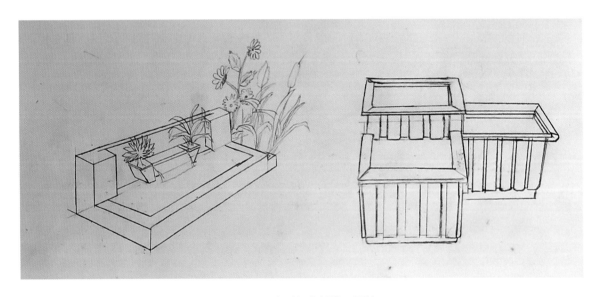

图 3-40 方形组合树池 贾婕

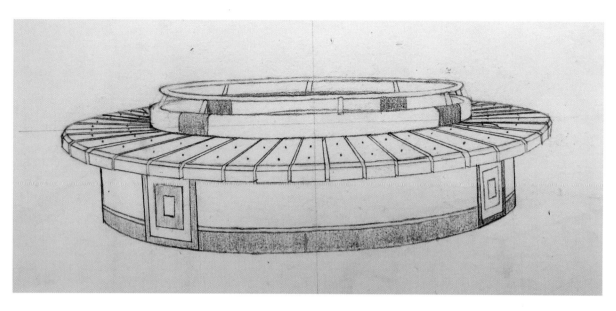

图 3-41 圆形树池 黄钰雅

图 3-42 方形、半圆形结合树池 韦廷敬

图 3-43　圆形组合树池　韦勤妙

图 3-44　园灯（一）　秦紫雪

图 3-45　园灯（二）　李娟娟

图 3-46　圆形树池临摹　王丽开

任务五　园林要素的基本画法——树木

每一条河流是每一滴水的聚集,在绘画中扎实的训练,有步骤的递进,把握学习中的每一个小点,是我们最终走向成功的关键。园林要素的绘画,是从点到面的一个逐步递增的过程。

▨ 技能目标

通过学习树木的基本画法,能够独立完成树木的临摹和写生;能够通过素描形式有效表达典型树木的形体特征、明暗关系。通过训练,进一步把握明暗的产生位置和作用。

▨ 知识要求

了解和基本把握不同种类树木的特征;理解植物的形体变化;理解明暗关系在植物绘画中的运用及特点。

▨ 引领项目

树木、植物素描练习。

▨ 任务分析

本任务从物体的基本几何形出发,利用明暗变化刻画树木等造景植物。在学习中如何刻画树木的形态是重点,而体积感的表达则是难点。

▨ 相关知识

取景、形体关系、枝叶根的关系。

(1)取景。

中国画画面的构造在于取景。画面取景,简单点的无非远、中、近三个空间类型,相同的主体物在这三个不同景深的空间中,对它的刻画表达也是不同的。在保持画面整体的基础上,远景往往较为概括,甚至轮廓分明;中景虚实有度、详略得当,做了较为细致的刻画;而近景则表达细致、刻画深入,常常夸张表现物体的局部特点。不同的空间,不同的感受,我们选取不同的景深画面,或开阔或细致,各有其韵味。

总而言之,"画面整体,主体突出"是取景构图的关键。近、中、远不同的取景作品如图 3-47 所示。

（2）形体关系。

植物的形体可以概括为圆球形体、椭圆形体、锥体、其他不规则形体。几乎所有的植物都可以做一个几何形体的概括，这有利于我们对其形态和体积的把握。当然植物外观的变化也并非单一的几何形那么简单，因为树木枝干的变化会导致树冠表面起伏多变。我们只需把握大的明暗关系，每一处起伏的明暗变化即可。植物形体几何关系如图 3-48 所示。

（3）枝叶根的关系。

树的枝、叶、根等外部特征是一个树种区别于其他树种的表现区域。植物的生长虽说有一定的共性，但是很多不同的特征在素描上还是可以表达得很清晰的。一般来说，"根"要抓地；"枝干"要有力，自大而小、由疏而密、先辐射伸张后略收；"叶"要成团，团要随枝。先熟悉它们的共性，待有一定的技法基础后，自然就会抛弃若干条条框框，达到笔出形随的水平。

(a)　　　　　　　　　　　(b)　　　　　　　　　　　(c)

图 3-47　近、中、远不同的取景作品

图 3-48　植物形体几何关系

任务实施

各种树木的画法如下。

（1）乔木。

乔木的种类很多，大都高大，枝干明显，树形优美，整体富于变化。枝条或遒劲有力或柔韧优雅，穿插错落，井然有序。乔木是园林造景的主要构成要件之一。乔木的绘画方法如图 3-49 至图 3-54 所示。

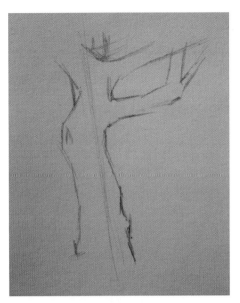

图 3-49 树干是树的支撑,或直或曲,
要求下疏上密,枝干有力

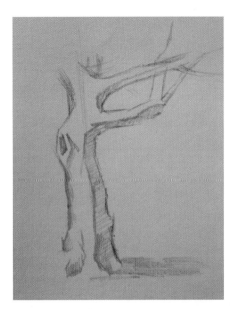

图 3-50 树干可以理解为圆柱形,遵循明暗的受光原理

图 3-51 必要的时候,可以刻画树干
的纹理等细节,加强表现

图 3-52 一般的树木可以采用几何概括的形式,
注意分析几何形的前后和明暗

(2)灌木。

灌木多以配景出现,可孤植、可丛生,多而杂乱。需要作画者拥有良好的取舍能力,更值得注意的是,因为物体较多,刻画的时候容易喧宾夺主,所以特别要注意画面主次的协调关系。灌木如图 3-55 所示。

图 3-55 中,灌木修剪成型,体态优美。灌木也有孤立的,枝干不宜表达过细,但明暗要求明快清晰,注意疏密变化。

(3)棕榈类、蕨类。

棕榈类、蕨类叶面变化丰富,形态优雅,刻画起来往往感觉多而繁。处理类似画面的时候,可以选取有代表性的枝叶加以详细刻画,其余略画,做到详略虚实均有变化。绘画步骤如图 3-56 至图 3-58 所示,作品蒲葵如图 3-59 所示。

图 3-53　不同的树种,可以采用不同效果的线条达到表现的目的。其实线条如何排列不是主要的,主要的是树木的形体和明暗关系在画面中要表现到位

图 3-54　不同的树种,通过细节特征的刻画,给人的感觉是不一样的,松树的挺拔有力与其他树种的相对柔美展现出不同的风貌

图 3-55　灌木

图 3-56　形态多变的植物,可以先大致勾勒表达植物的形态特征,再逐一刻画

图 3-57　刻画时注意前后的穿插关系以及明暗,时刻留意画面的主次和整体

图 3-58　大丛的枝叶凌乱繁杂,适当刻画主要的枝叶概括

图 3-59　蒲葵　刘标斌

任务六　园林要素的基本画法——草坪

技能目标

通过练习,掌握草坪、地面的绘画技巧。能够有效处理园林造景草丛地绘制,把握画面的点线面关系。

知识要求

了解草丛地与其他园林要素等的关系以及相关园林常识。

引领项目

草丛地的练习。

任务分析

在风景表现画面中,草地很多时候都关系着光线、投影和起到调节画面黑白平衡的作用。因此,我们很难全面表现草地的状态和形象,草丛地的练习重点是把握画面的点线面关系。

相关知识

点线面。

点是指画面里单独的小的笔触,而线则是画面连续的笔触,面是画面块状的调子。处理画面点线面的过程也是一个处理虚实的过程。我们可以以点来刻画,也可以以点来省略;可以用线来强调,也可以用线逐渐虚化对象;面的对比同样如此。草地笔触如图 3-60 所示。

任务实施

草丛地画法如图 3-61 至图 3-63 所示。

草地并不是要全部画满调子,可以适当有疏有密。暗部投影的地方可以略重,受光可以略浅。

图 3-60　草地笔触

图 3-61　草丛地的组合

图 3-62 杂草笔触可以依照其生长动态运笔，
但主要注意疏密搭配

图 3-63 地面在自然环境中的组合

任务七 园林要素的基本画法——水体

■ 技能目标 ■

通过练习,掌握水的基本画法;懂得处理水体的光效、倒影;懂得处理动水与静水的形态特征;能够有效把握水体的画面虚实关系。

■ 知识要求 ■

了解水在园林景观中的审美特点。感受水体的不同形态特征。

■ 引领项目 ■

水体风景练习。

■ 任务分析 ■

水体的练习,主要在于把握其形态的不同。如何利用不同的笔触和调子表达静、动、跌水,喷泉的形态以及如何刻画不同状态水面的倒影、光效是本任务学习的重点。难点在于水的质感处理。

■ 相关知识 ■

倒影与光效、水体的虚实。

(1)倒影与光效。

刻画水面的倒影是表现水体质感的最佳手法之一,不同水体状态有不同的倒影效果,而光效的表达也同倒影的表达有着直接的联系。没有倒影或留白的位置会被看成是光照的区域或反光的区域。在水中,倒影表现最突出的要数静水了。

静水的倒影清晰而生动,水面平静时可以用垂直线画出驳岸的物体的倒影,水面略有动态时,倒影也可以随水面波纹产生变化。

动水的倒影则较虚,甚至完全被波纹和水花取代。

(2)水体的虚实。

水体和植物一样,有远景也有虚实。一般来说,驳岸的位置对比较为强烈,所以驳岸大都画得比较重。倒影的中部或尾部则较为虚。另外,取景的时候,距离水面越近,倒影表现越具体,则相对为实,反之则虚。

任务实施

图 3-64 中,静水的倒影清晰而生动,可以用 Z 形线条画出水面的波光,用垂直线画出驳岸的物体的倒影。

图 3-65 中,跌水、喷泉等动态水流的刻画重点则在于水流的形态,留白表现高光,暗部露出投影和岩石,细节的刻画和波光粼粼虚实相结合使画面生动有趣。

图 3-64　静水练习

图 3-65　跌水练习

任务八　园林要素的基本画法——山石

技能目标

通过练习,掌握山石的绘画及结构;能够进一步掌握素描规律中"面"的转折关系;能够独立完成不同类型石质的写生和创作。

知识要求

了解园林造景中石的作用;了解石、假山造景的位置关系;了解不同石质的特点。

引领项目

素描山石练习。

任务分析

本任务的重点是利用素描中"面"的转折关系,在明暗的基础上表达石的体积和质感。难点是质感的表达。

相关知识

石品与假山。

"山石水"无论是在中国古园林还是在现代园林都是设计的重要表达对象。湖石特征可概括为"瘦、漏、透、皱、清、丑、顽、拙",外在其形、内秀其质；黄石和青石则面面相接、棱角分明；其他山石或浑圆或尖锐,疏密聚散大小相间,其形态千变万化,不一而举。假山、石山或土山皆不离"山"的形象,追求一种自然的风格而又自成趣味。山、石、水的搭配浑厚宽仁,智慧而灵秀,共同构成一幅生动灵活的画面。

任务实施

石的绘画步骤如图 3-66 至图 3-70 所示,湖石如图 3-71 所示。

图 3-66　确定轮廓、把握形态

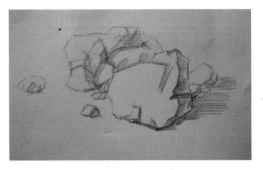

图 3-67　区分明暗

图 3-68　深入刻画

图 3-69　湖石轮廓弧线圆润,奇峰突兀,空穴贯通,

确定轮廓的时候要求把握其形态特征

图 3-70　明暗的区分进一步强化了它的形态特征,
并且通过线条的轻重表现了虚实与前后

图 3-71　湖石　刘标斌

任务九 园林要素的基本画法——建筑

■ 技能目标

通过练习,进一步掌握建筑绘画的透视规律;把握画面的整体性;进一步巩固素描明暗关系的表达。

■ 知识要求

了解不同建筑的特点;了解建筑的结构、透视及明暗。

■ 引领项目

风景、景观及民居素描练习。

■ 任务分析

本任务重点是进一步掌握透视的规律,学习对建筑整体的把握和局部刻画。难点是造型复杂。

■ 相关知识

无论民居还是园林建筑都有着明显的地域特色和强烈的民族风情,它们风格构造各不相同,但是在绘画的表达手法上还是一致的。我们可以采用黑白灰不同的调子刻画它的面和层次,可以根据光线下的黑白对比出它的轮廓和体积。

■ 任务实施

建筑的视角有多种选取方式,鸟瞰图是最能反映全局的一种。绘画者可以先做好平面图的透视图,然后在其基础上绘制建筑的高度和特点。园林建筑临摹如图 3-72 所示。

建筑的表现可以从外到内,从整体到局部。图 3-73 中的建筑可以简单地视为几何体的结构组合,再进行内部局部刻画。另外,透视准确也是建筑绘画中的基本要求。

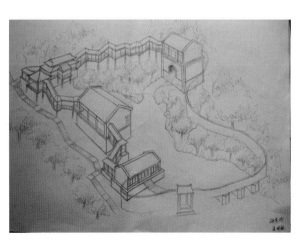

图 3-72 园林建筑临摹(一) 朱明敏

图 3-73 建筑 蒋田丽

作品欣赏如图 3-74 至图 3-77 所示。

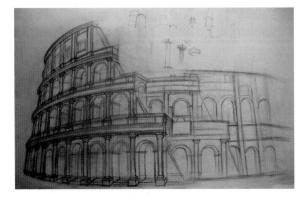

图 3-74　古罗马斗兽场　陈其鑫

图 3-75　别墅　朱明敏

图 3-76　园林建筑临摹(二)　蒋田丽

图 3-77　德国手绘建筑画　(德)海因希里·彼特那

任务十　园林透视图素描表现

从基础到专业,从形体到对象,从临摹到表现,园林透视图的素描表现是园林绘画的一个质变过程。园林透视图的素描表现作品如图 3-78 至图 3-80 所示。

图 3-78　园林透视图素描表现作品(一)　林叶荧

图 3-79　园林透视图素描表现作品(二)　王思惠

图 3-80　园林透视图素描表现作品(三)

第4章
园林钢笔画表现

YUANLIN

MEISHU

4.1

钢笔画基础知识 ◀◀◀

　　钢笔可以说是风景素描表现所钟爱的一种工具。钢笔绘画工具简单,线条清劲,笔触多变,具有独特的表现力。伦勃朗、博蒂切利、达·芬奇等绘画大师都有着不少的钢笔(鹅毛水笔)作品,德国丢勒更是其中高手。另外,中外很多设计师也都有着扎实的钢笔绘画水平,他们喜欢利用钢笔来表现自己的构思和创意。钢笔绘画,已经成为绘画表现的一项具有独特审美特点的画种。

　　钢笔风景大多表现为速写形式,对于设计师而言,钢笔表现在于它的线条优美,也在于它的快捷便利。生活中的灵感转瞬即逝,生活中的美丽也难以留住时光匆匆的脚步,今天用钢笔记录下这风土人情及感人的生活场景,将来也许会在设计的道路上走得更远。

技能目标

　　本情境的学习旨在培养学生的动手能力,培养学生对自然景物的空间把握、造型理解以及表现能力。要求学生能够使用相关的钢笔表现手法,达到对景物空间的归纳和再表现能力。

　　本情境也利用了构成的形式去剖析画面,使学生学会以感性和理性两种思维方式来思考和解决问题。

知识目标

　　尽可能多地了解钢笔画的艺术表现手法。通过钢笔表现,体会成功的设计作品;感受不同环境的文化与生活;提高审美以及绘画表现的能力。

素质目标

　　通过钢笔画的练习,使学生将对风景、景观的审美和表现能力内化成为一种对生活的热爱,对环保的坚持。

任务　钢笔线条的练习

技能目标

　　通过钢笔线条的排列与交叉练习熟悉钢笔线条的叠加和变化,掌握钢笔绘画的线条运笔。

知识要求

　　了解钢笔绘画的工具,熟悉不同工具在不同纸张上的不同线条效果。了解钢笔线条的一些基本运笔手法。

引领项目

　　钢笔线条练习。

◼ 任务分析 ｜

钢笔线条的练习是钢笔绘画的关键,线条本身便是钢笔画审美的一个部分。单独的线条并没有任何意义,但是当我们把它集合成组,赋予线于"形"和"势"时,"线"便有了生命,方可称为绘画的语言。

本任务的重点是通过对线条进行有意识的疏密、排列、组合等形式的练习,把握线条的运笔手法和力度。难点则是对钢笔线条的掌控。很多初学者一开始的线条往往会出现过于单调、杂乱或生硬等毛病,原因就在于对线条的力度和变化没有掌控好。

◼ 相关知识 ｜

工具、点线面。

(1)工具。

钢笔画的工具很多,一般水性的硬笔都可以用来绘画。在日常训练中,通常用到的工具除了钢笔以外,还可以使用签字笔、针管笔、美工笔等。钢笔画对纸张要求不高,但在很多特种的纸张上绘画会有许多意想不到的特殊效果。如果用灰色的皮纹纸绘画有以下效果:一是有细微的底纹很漂亮,二是有一个统一的亚光底色,看起来很舒服,也便于画面色调的统一。

(2)点线面。

落笔成点。钢笔画中的点是指画面中较小面积的痕迹。在钢笔画中点的表现一般为黑白点、大小点、聚散点、几何形点。作品中点单独形成的画面具有较强的审美风格和艺术意味。

线是点的集合,线可以稳而有力,可以柔顺如丝,可以随意而发,也可以井然有序。线条的意义在于审美对象,线条是钢笔画的主要表达形式,线条的语言可以用如下字眼概括:对比和变化。线条的排列、虚实、粗细、大小、方向、连断等都是钢笔线条的基础要求。

直线分长线与短线,舒缓大方、舒张随意、形式感强。

长线:常用于树木、建筑等直线形式对象。

短线:错落有致,常用于背景、阴影、树叶等对象。

曲线灵活多变,是刻画对象特征的好帮手。曲线涵盖动态的多类线条,常用来画树叶的齿轮线也是曲线的一种。

◼ 任务实施 ｜

线条练习如图 4-1 和图 4-2 所示。

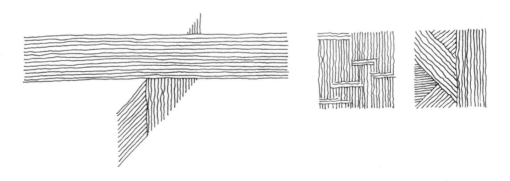

图 4-1 缓线练习,运笔舒缓造就自然流畅的优美线条,杜绝生硬和反复添加描摹

图 4-2 线条组合练习,有意识地自由组合线条的排列,提高线条艺术形式上的审美,同时也是训练对线条的掌控

4.2

钢笔风景构成法则 ◀◀◀◀

钢笔风景的主要语言形式还是点线面,其中线条是最常见的,线条的语言概括起来即"对比和变化"。而对于线条如何对比又如何变化,可以从黑白、明暗,骨骼、构架,排列、穿插,方圆、大小,疏密、繁简,主次、虚实这几点来分析。

任务一 钢笔风景构成法则——黑白、明暗

技能目标

通过练习,进一步掌握素描的明暗关系,把握植物造型的一般用线方法。

知识要求

了解和基本把握植物造型的用线形式;了解不同植物的形态特征。

引领项目

植物单体练习。

任务分析

植物中的黑白、明暗变化丰富,有时候甚至难以观察,这需要绘画者对光影有一定的理性认识,懂得主观地处理绘画对象的素描关系。另外,刚刚接触钢笔绘画,用笔较为生涩,而植物的用笔较为灵活多变,很多绘画者往往不能适应而容易产生拘泥于形而线条生硬的毛病。

相关知识

树木的语言。

树木是有语言的。人对每一种事物都有主观反映,从而定义了它们的性质和有了自我感受,有的事物甚至成了某种精神的标志存在。绘画者的心情往往受到绘画对象的感染,对于对象的主观认识与其客观性的结合产生了画面。这样的画面才是具有审美情趣的画面,而表现这种审美情趣的手法称为绘画的语言。

任务实施

(1)植物单体的分析。

植物单体的分析如图 4-3 至图 4-6 所示。

图 4-3 从外观体积上把握树形

图 4-4 从树木的明暗分析,树木的枝干导致树形有
体积、高低的变化,产生不同的明暗位置

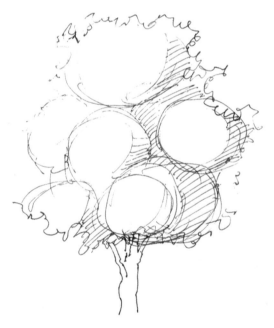

图 4-5 从树木的几何形体分析,概括树
形的层次关系,注意前后与明暗

图 4-6 利用以上分析采用灵活多变的线
条从明暗上刻画树木的形态

(2)植物单体的画法步骤。

植物单体的画法步骤及技法如图 4-7 至图 4-14 所示。不同植物的练习作品如图 4-15 至图 4-18 所示。

图 4-7　从主体入手,确定画面主体
　　　　构架,也是利用主体的外
　　　　轮廓确定主体的形态

图 4-8　观察构成画面的
　　　　笔触的形式

图 4-9　从暗部入手把握全局,使用提
　　　　取到的相关的形式元素通过
　　　　素描关系进一步刻画

图 4-10　调整画面,进一步把握明暗关系,
　　　　　达到黑白对比、突出主体的目的

图 4-11　树木的轮廓概括法,较有装饰
　　　　　性也比较简洁,但表达形式单一

图 4-12　同类型植物用不同的笔触表达技法,但画面的明暗素描关系应始终贯穿画面

续图 4-12

图 4-13　丛生的植物可以选取有代表性的枝叶刻画，
　　　　对暗部和背后的枝叶则做概括性处理

图 4-14　单株的植物大多可以刻画枝干,但蒲葵类植
　　　　物叶面繁杂,也可以与丛生植物一样处理

图 4-15　植物写生　刘标斌

图 4-16　植物临摹　黄小芬

图 4-17 树的习作（一） 唐永康

图 4-18 树的习作（二） 罗炳华

任务二　钢笔风景构成法则——骨骼、构架

技能目标

把握几种基本的构图方法;掌握风景速写的概括。

知识要求

了解不同画面的取景手法,对画面构架有基本的审美认知。

引领项目

构图练习。

任务分析

风景绘画要明确自己画的是什么,是什么感动了自己,确定所要表达的对象。画面构图也要进行取舍,寻求一个最能表现物体特征和性质的位置和构图形式。

相关知识

构思与构图。

"横看成岭侧成峰,远近高低各不同",在美术专业里面这就是画面的构图。"无中生有、视而不见"要求做到画面的取舍,对画面进行一个立意和构思,做到胸有成竹。构图则是一个表现画面的形式,画面的构架和节奏直接影响到画面的气势和风格。而"远近高低"则是画面的"进退",是构成画面层次感的表现形式。

任务实施

(1)构图的骨骼构架训练。

构图的骨骼构架如图 4-19 至图 4-23 所示。

图 4-19　直线构图

图 4-20　斜线构图

图 4-21　十字构图

图 4-22　平行透视构图

图 4-23　曲线构图

（2）构图的主次训练。

构图训练如图 4-24 所示，构图草图与速写如图 4-25 所示。

总之，在构图方面，一是讲究骨架，二是讲究主次，三是讲究取舍，四是讲究近中远的层次。

图 4-24　构图训练中,要求在 3 分钟内完成一幅画面主体景的布置和取舍,快速把握画面感动人的地方

图 4-25　构图草图与速写

任务三　钢笔风景构成法则——排列、穿插

▨▨▨ 技能目标

通过练习,掌握钢笔线条排列和穿插的形式;掌握草丛地及树木的综合表现。

██ 知识要求

了解构成的基本知识,学会理性地分析画面的构成形式,懂得画面的临摹和了解画面再创造过程。

██ 引领项目

树木、草丛、地面练习。

██ 任务分析

风景绘画不是单一的物或人的表现,而应当是一种环境,一幅相互协调具有审美感的画面。本任务的重点是把握画面的线条排列、穿插的组织形式,找到和理解用什么样的笔触来表现对象。难点是学生需要把握"对比和变化",懂得在有序排列的基础上做到变通,达到举一反三的目的。

██ 相关知识

构成、临摹。

构成在设计上指将一定的形态元素,按照视觉规律、力学原理、心理特性、审美法则进行创造性的组合。在绘画中对于线条的对比和变化,可以概括为线条构成形式,例如黑白、明暗、骨骼、构架,排列、穿插,方圆、大小,疏密、繁简,主次、虚实等。

临摹是初学者走进一个未知领域的初步手段。在临摹的过程中,要求做到先观察,找到画面表现的规律性,对于钢笔画而言,也可以说是找到其线条构成的形式,然后依据绘画手法和自己的感受做到一气呵成。特别忌讳的是看一眼画一笔,生搬硬套而使自己的画面过于僵硬。同时,也要注意钢笔画的变化与对比,忌讳千篇一律机械化的用笔形式,绘制出没有灵魂的画面。

██ 任务实施

树木、草丛、地面练习。

如图 4-26 至图 4-29 所示,地面铺装线条采用缓线排列的方式取得了较为协调的视觉效果。同时,地面的刻画要注意做到小与大、平整与零碎的对比。

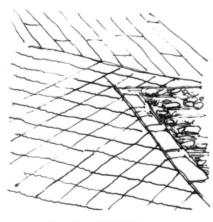

图 4-26　地面铺装(一)

图 4-27　地面铺装(二)

图 4-28 地面铺装(三)

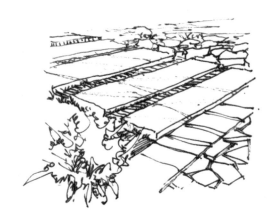

图 4-29 地面铺装(四)

在细致刻画草丛灌木的时候要特别注意其前后的穿插,可以获得很好的空间效果。作品示例如图 4-30 和图 4-31 所示。

图 4-30 草丛 秦美玲

图 4-31　绿篱的搭配　黄小芬

在处理大面积调子的时候,可以使用不同方式的线条排列,使画面不至于太单调。景观小品如图 4-32 所示。

图 4-32　景观小品　刘标斌

短而快捷的线条的排列在画面刻画中能起到丰富画面和强化结构、质感的作用。树和石阶如图 4-33 所示。

图 4-33　树和石阶　蒋田丽

不同方向的线条排列与穿插,可使画面的结构更灵活,更具审美性。假槟榔树和树木写生如图 4-34 和图 4-35 所示。同时,线条的排列也可起到虚化背景、统一暗部的作用。景观如图 4-36 所示。

图 4-34　假槟榔树　刘标斌

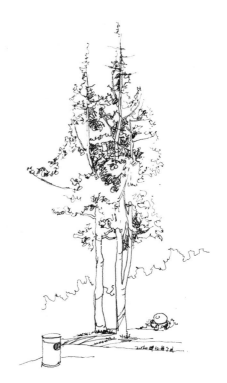

图 4-35　树木写生　刘标斌

图 4-36　景观　唐永康

任务四 钢笔风景构成法则——方圆、大小

技能目标

通过练习,进一步巩固掌握亮灰暗的素描关系,利用线和面的明暗关系掌握山石的画法。

知识要求

理解画面的大小、进退关系;感受画面语言,能够找出画面感动人的地方。

引领项目

山石、建筑练习。

任务分析

方圆和大小是钢笔表达的一种外在形式,我们所要营造的是画面的前后进退、错落有致的关系。画面的对比要做到此高彼低、富于变化、形体互衬。本任务的重点在于通过山石、建筑的练习,做到画面的层次表达清晰,形体区分明确,进一步地掌握钢笔画的构图及变化。

相关知识

对比。

对比是在绘画中最常用也是必须使用的一种变现形式。本部分内容是从对比上分析画面的构成关系,同时对比也是多种形式的。例如,"方圆对比"则是从画面的几何变化出发,使画面不至于单调;"大小对比"则有形体上的大小对比,也有黑白面积上的大小对比,以及线条上的长短对比等。

任务实施

山石的刻画要求刻画出其硬度和形态特征。通过线条的变化转折达到面的变化,使画面棱角分明;根据形态特征掌握线条形式,方圆适度表达山石的外观;合理安排石块的大小聚散,并注意其与地面的关系。作品示例如图 4-37 至图 4-40 所示。

图 4-37 石(一) 黄伟全　　　　　　图 4-38 石(二) 黄伟全

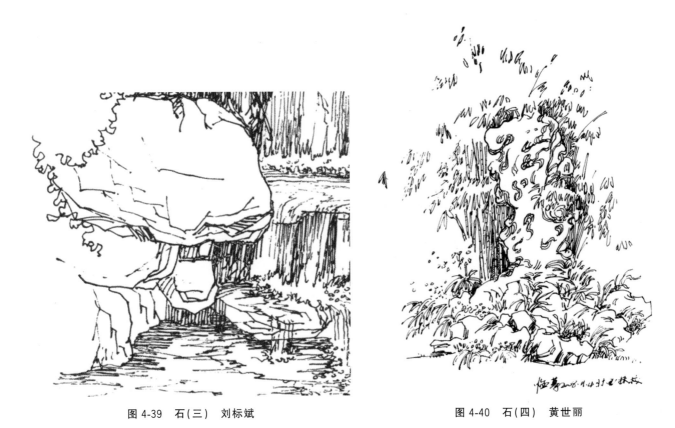

图 4-39　石(三)　刘标斌　　　　　　　　　　　　　　图 4-40　石(四)　黄世丽

图 4-41 所示的作品,画面做到了大小对比,同时通过对象的密度做到了黑白的互衬。

图 4-41　采用对比形式的临摹作品　朱志贵

柳侯公园如图 4-42 所示,学院小景如图 4-43 所示。

图 4-42 柳侯公园(一) 刘标斌

图 4-43 学院小景

　　小与集中的刻画面与大面积的留白面形成的对比关系使画面视点更集中。图 4-44 和图 4-45 所示的两幅作品主要使用同向排列的线条形式,通过黑白面积大小的对比达到刻画的目的。

图 4-44　大圩古镇(一)　刘标斌

图 4-45　大圩古镇(二)　刘标斌

　　图 4-46 和图 4-47 所示的作品通过简洁的线条,方中带圆的建筑形式,使画面更具美感。

图 4-46 水景及周边建筑临摹 唐龙辉

图 4-47 柳侯公园(二) 刘标斌

任务五 钢笔风景构成法则——疏密、繁简

通过练习,能够理解线条的疏密变化,掌握对画面重点的表达,使画面对比鲜明、层次丰富。掌握不同水体的绘画。

了解和基本把握水体的动态。理解绘画中"留白"的运用。

■ 引领项目

水体练习。

■ 任务分析

疏密、繁简,一是为了丰富画面,使画面在素描关系上对比更突出;二是强调主体,使画面的主体在画面中更突出。难点是画面黑白灰面积的把握,容易造成画面调子平均的毛病。

■ 相关知识

留白、繁简。

适当的留白可以使主次对比更加突出。中国画常被说"疏可走马,密不容针"。一幅好的钢笔画并不要求面面俱到,须有详有略,绘画的主体必须突出,才能形成一幅明确疏朗的钢笔画作品。

画面的繁简是画面对比突出主体的又一手法,依靠的是对物体的刻画深入程度,一定程度上繁简也通过线条的疏密来表达,但繁简并不是简单地画密画黑,而是要通过画者不断地观察景物对象,做到有效地删减、归纳和取舍,从静物最感动自己的视角和画面着手,做到"繁而不僵"与"简而有灵"。

■ 任务实施

水体的刻画如图 4-48 所示。

图 4-48　水　秦美玲

投影是表现水体特征的手法之一,远景投影简单概括,近景投影具象丰富、繁简得当。投影常用垂直线刻画。投影表现如图 4-49 所示。

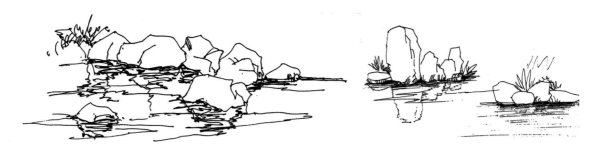

图 4-49　驳岸是刻画水体的又一手法,一般情况下驳岸略重,也是投影的表现,应注意线条疏密的变化

静水和流水的表现如图 4-50 和图 4-51 所示。

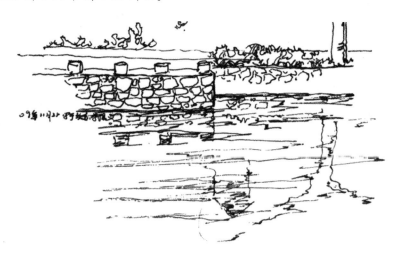

图 4-50　波光也是水体表现的手法,更多用在静水。Z 形或平行的线条,打破垂直线单一的
　　　　线条方向,寥寥数笔有波光粼粼的感觉,使画面更灵活

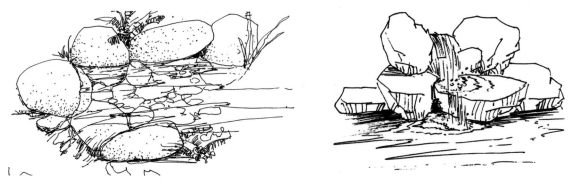

图 4-51　流水的表现更多运用了水流方向的特点,趋向性相同的线条具有流动性。同时,
　　　　水底石块的暗部等表现也是刻画水体质感的重要手法

　　喷泉可以通过水的动态表现来刻画。无色的水体则可以通过背景的衬托表现出来。喷泉的表现如图 4-52
和图 4-53 所示。

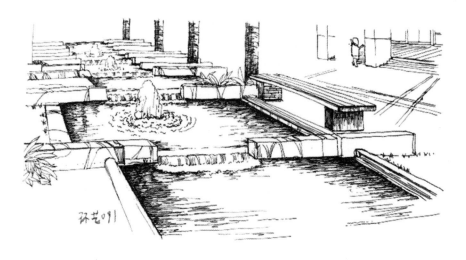

图 4-52　喷泉(一)　李怡薇

图 4-53　喷泉（二）　刘标斌

　　和喷泉一样，跌水的绘画要求把握跌水动态，以及其后隐约可见的山石。水面反光的白与暗部的黑形成很好的疏密黑白对比，水花的繁与波纹放松的简形成很好的繁简对比。跌水的刻画如图 4-54 和图 4-55 所示。

图 4-54　跌水（一）　刘标斌

图 4-55　跌水（二）　刘标斌

任务六　钢笔风景构成法则——主次、虚实

技能目标

通过练习，掌握画面的空间关系，做到有效表达物体的远景虚实的空间层次。能够明确画面的主体。

知识要求

了解和基本把握园亭的桥、亭的几何形式画法。

引领项目

园亭练习。

任务分析

桥、亭、民居等中国园林建筑、民居建筑较为复杂，初学者往往不易画准。本任务采用几何形体概括的形式在结构上做到理性的分析和描绘。抓住不同建筑的特点，表现不同的感官风貌。

相关知识

亭子等建筑对于初学者来说是比较复杂的，很多时候容易在透视、主次上处理失误。一般的亭子画法可以概括为对称定位、视角定面、面上定点、细节刻画几个步骤。

任务实施 ▶

桥、亭的刻画步骤如下。

(1)利用中轴对称确定亭子的宽、高位置,根据画者位置确定画面视平线位置,可见视平线大约在栏杆的位置,如图 4-56 所示。

(2)视平线上方是仰视的圆形面,下方是俯视,则园亭的几个边角始终落在圆形上。注意亭子的宽、高不同,圆形面的大小位置不同。

(3)在圆面上确定亭子的边角位置(定点),如图 4-57 所示。

(4)依照素描关系,进行刻画。在刻画中,要注意素描黑白关系,刻画瓦面时不必面面俱到,可以稍微省略。如图 4-58 所示,亭子前面的位置可以刻画较为仔细,分清虚实,达到与后面边角拉开空间关系的目的。

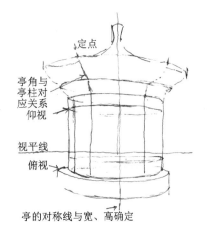

图 4-56　亭子的几何形可以看作是
圆柱体、圆锥体的结合

图 4-57　确定亭子的边角位置

图 4-58　园亭　刘标斌

亭子的刻画如图 4-59 和图 4-60 所示。

图 4-59　亭子(一)　朱明敏

图 4-60 亭子(二) 朱明敏

大面积的留白和局部刻画,使主次更突出、虚实更明显,如图 4-61 至图 4-66 所示。

图 4-61 景观一角

图 4-62 亭子临摹(一) 黄小芬

图 4-63 亭子临摹(二) 黄小芬

图 4-64　亭子临摹（三）　黄小芬　　　　　　　图 4-65　亭子创作　甘露

图 4-66　亭子刻画

　　根据绘画时间长短和画幅的大小，可以对画面的细节进行概括和取舍，如图 4-67 和图 4-68 所示。

图 4-67　风雨桥　刘海芳

图 4-68　古镇　刘海芳

任务七　钢笔风景构成法则——规则、节奏

███ 技能目标 ███

能够通过直尺辅助,结合透视及结构,掌握对画面规则线条的表达,使画面松弛有度、对比鲜明、层次丰富。

███ 知识要求 ███

了解和基本把握廊架等的结构绘画。

███ 引领项目 ███

廊架、门头、桥体。

███ 任务分析 ███

规则、节奏这一构成法则的运用是为了在画面中,对比较硬朗和统一的线条采用规则式的重复,使其与软质植物的对比关系更突出。

███ 相关知识 ███

点线面。

我们把小的单独的元素称为点,把成条状的称为线,把呈片状的称为面。在绘画中,通常钢笔只能做出点和线的形式,那么我们通常采用点的密集和线的排列来达到面的表现。

■ 任务实施 ■

廊架、门头、桥体的刻画如图 4-69 至图 4-75 所示。

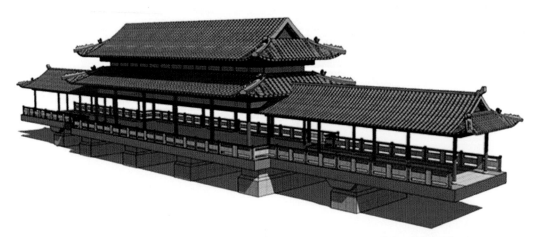

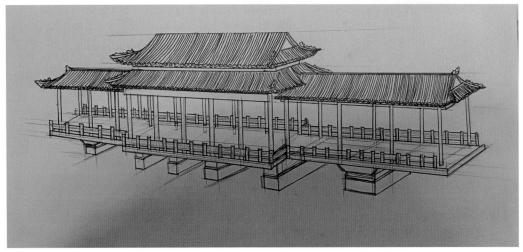

图 4-69　廊架(一)　王丽开

 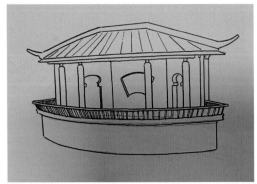

图 4-70　廊架(二)　王梅柳

图 4-71 廊架（三） 周娟娟

图 4-72 廊架（四） 王丽开

图 4-73 廊架（五） 韦伊玟

图 4-74　门头　杨志鸿

图 4-75　桥体　龚琳

园林风景表现及赏析 ≪≪≪

技能目标

能够在完成钢笔画的基础上做到对画面的审视和调整；能够全局地把握画面的构成形式,做到画面生动、主题突出。

知识要求

通过全面的学习和总结,懂得如何欣赏钢笔绘画的艺术美感和表现力,对自然风景和景观做到由衷的热爱和欣赏。

引领项目

钢笔风景素描综合训练。

任务分析

学习了钢笔画的相关知识之后,在本任务中要求的重点是利用学到的手法全面把握画面,力求做到画面的艺术性和创造性的统一。

相关知识

审视画面与调整画面。

审视画面与调整画面是不断把握画面整体的过程。绘画中要求不断审视检查画面,同时也对画面的错误进行加工和调整。画面的审视大致从以下几个方面进行。

(1)画面的主体是否突出,详略是否得当。

(2)画面近中远层次是否分明。

(3)画面的明暗、疏密、黑白是否协调到位。

任务实施

调整画面、审视画面。

图 4-76 所示的作品前中后层次表达明确,掩映的牌坊把画面的空间拉得更加深远。但在构图上,右上角则略空。

图 4-77 所示的作品中,芭蕉的白和暗部的黑形成对比关系,使画面更有层次感。

图 4-76　灵渠秦城　刘标斌　　　　　　　　　图 4-77　柳侯公园一角　刘标斌

图 4-78 所示的作品中,房屋刻画扎实,画面虚实、详略得当。

图 4-78　山村　朱明敏

图 4-79 所示的作品中,不同的物体采用了不同的线条表现手法,简洁而大气,调子的变化明快。

图 4-79　风景(一)　商家榕

图 4-80 所示的作品画面细致,但很多线条过于琐碎。

图 4-80　风景(二)　秦美玲

有关园林风景的作品如图 4-81 至图 4-88 所示。

图 4-81　建筑临摹　伍春

图 4-82　园林风景(一)

图 4-83　园林风景(二)　吴晓雯

图 4-84　园林风景(三)　何舟

图 4-85　园林风景(四)　何宏达

图 4-86　园林风景(五)

图 4-87　建筑表现(一)

图 4-88　建筑表现(二)

4.4

都市园艺钢笔画表现 ‹‹‹‹

　　随着乡村振兴战略的提出以及"三农"政策的不断完善,乡村生态环境有了很大改善,城市居民向往农村清新、宁静、自然、开阔的绿色田园生活,都市园艺应运而生。

　　1998年国家旅游局推出乡村旅游,而后"三农"政策鼓励发展休闲农业。追寻自然、保护自然、创造自然是休闲农业发展的趋势,是观光、观赏、再现农耕文化的重要组成部分。植物景观营造就是创造优美的植物景观和环境艺术,满足城乡居民对田园休闲娱乐生活的需求。都市园艺植物景观营造,就是利用园林、园艺和农业植物来营造植物景观,并发挥植物的形体、线条、色彩等自然美,组成一幅幅美丽、自然的画面,供人们休闲观赏。

　　都市园艺的营造包括了园林植物景观营造、园艺景观营造、农业景观营造等多个方面的特色内容,在表现形式上有自然式、雕塑式、展览观光式等方式,不胜枚举,在绘画表现方面,同样是遵循绘画原理的。

技能目标

　　能够徒手绘制出都市园艺中花坛、雕塑等元素的造型,画面生动、主题突出。

知识要求

　　通过全面的学习和总结,理解都市园艺的艺术审美和表现力,对自然风景和景观做到由衷的热爱和欣赏。

引领项目

　　都市园艺钢笔画。

任务分析

　　本任务的难点,主要在于对称性的分割和分割后的透视表现,同时也对不规则的雕塑形体具有一定的造型能力要求。

相关知识

　　图案纹样。

　　图案指的是图形样式,纹样指的是提取现实生活中的植物、动物或者人物等形象形成的图案,再把图案加工成连续的图形,通常我们见的有二方连续和四方连续。

　　模纹花坛有点像欧式的园林形式,比较讲究图案的对称性,通常植物之间用不同颜色相间隔,具有一定的节奏美感,如图 4-89 所示。

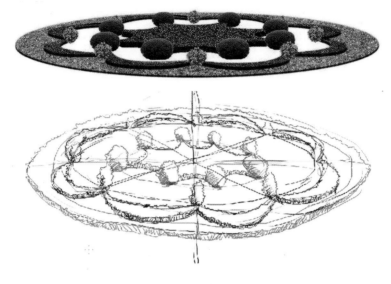

图 4-89　模纹花坛(一)

　　要想形成具有一定审美的图案,需要遵循一定的图案审美法则,这些法则通常跟平面构成法则相类似,如图 4-90 所示,它是一个螺旋的图形,其他的还有发射图形、持续重复的节奏感图形,等等。

图 4-90　模纹花坛(二)

　　在花坛的绘画中,我们还是遵循绘画的基本造型原则,首先画出的是一个圆形,也就是椭圆,然后根据辅助线分割花坛的比例,最后在各个相同的比例中画出花坛的相同纹样。特别要注意的是,透视角度不同的图案也会产生透视变化。

　　图案性的花坛具有一定的对称性,不管是立体的还是平面的,只需要把握这种对称性在特殊空间中所形成的状态,就可以得到一个很好的空间透视图,如图 4-91 所示。

　　立体的造型花坛,通常具有空间上和色彩上以及造型上共同的美感,所以在绘画的时候,不仅要注意它的形,还要注意它的立体空间以及色彩,如图 4-92 至图 4-96 所示。

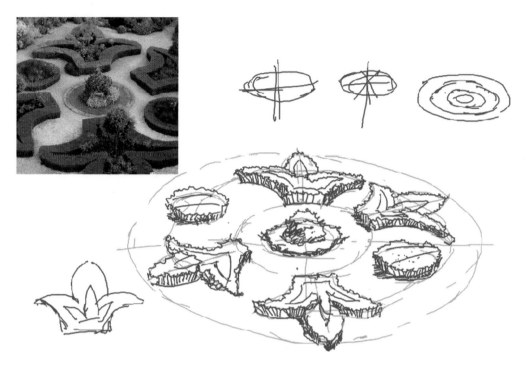

图 4-91　对称花坛

图 4-92　立体造型花坛(一)

图 4-93　立体造型花坛(二)

图 4-94　立体造型花坛(三)

图 4-95　立体造型花坛(四)

图 4-96　立体造型花坛（五）

第5章
园林风景色彩基础

YUANLIN

MEISHU

　　从古至今,人类一直在感受大自然的色彩美,同时一直在用色彩表现美。从中外古今的壁画、岩画、彩陶到现代绘画中的色彩,从日常生活中家具的布置到环境的设置,以及人们的穿衣戴帽,无不考虑色彩的搭配。由此可见,色彩给人们带来的审美感受是多么直接。

　　色彩在造型艺术中是重要的一部分,是素描不能代替的独立艺术语言之一,是从事园林设计的工作者必备的知识之一,也是绘画基础训练必修课内容之一。通过本章的学习,使学生了解色彩的产生、分类;理解色彩的对比、调和及色彩的搭配和调配方法;熟悉水彩、水粉的特性,材料及工具。

5.1

色彩的基础知识 ◀◀◀

5.1.1　色彩的产生

　　人类借助于自然界的光而观察到客观世界,有光就有色彩,黑暗中我们无法看到任何景物的形状和色彩。因此,光是色彩产生的原因,色彩是光作用的结果。然而,有时即使在光线很好的情况下,有的人也不能分辨色彩,这是由于视觉器官不正常(如色盲)或大脑不正常(如植物人)所导致的。因此,色彩的产生是光对人的视觉和大脑发生作用的结果,是一种视知觉。人对色彩的感知需要四个条件,即光线、物象、健康的眼睛和大脑。

　　英国科学家牛顿在实验室里用三棱镜分离出了太阳光的色彩光谱,经过三棱镜的折射显示出的是一条连续色带,即红、橙、黄、绿、青、蓝、紫。说明太阳光是由光谱中的色光构成,并证明了色彩的客观存在,如图 5-1 所示。

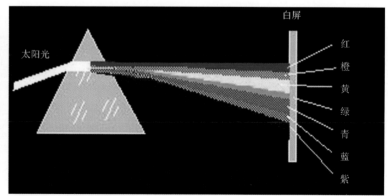

图 5-1　光的色散

　　色彩的三原色是最基本的颜色,即红、黄、蓝。它是物理学家大卫·鲁伯特在燃料中发现的,这个发现后来经法国燃料学家弗通的实验得以证明。任何色彩都是由这三种颜色通过不同比例混合而成的,而其他的颜色无法调制成这三种颜色。从理论上说,除了三原色本身外,颜料中的所有颜色都由这三种基本颜色调配而成。但事实上,真正要用这三种颜色来调配出所有的色彩还必须加上黑色和白色。

　　物体色彩的形成,离不开三个因素,即发光体、受光体和人的眼睛。但是,世界上的万事万物都不是孤立的,它们之间存在着各种影响和联系,物体色彩形成的诸多因素之间也是这样。比如,一种物体受光时,吸收一定光色后,反射出的光线作用于另一物体,也使这一物体发生吸收和反射反应。前一物体在这一过程中实际上起到了发光体的作用。红色玻璃吸收了其他光色,只让红光穿过,透过的光是红色的,如果照射在某一物体上,相对于这个物体的色彩演化,透光体也可称为一个光源。

不同色彩是通过不同波长的光线对人视觉不同程度的刺激而使人感觉到的。科学家的试验证明,人的眼睛只能看见一定波长范围的电磁波,这就是可见光。每一段波长都呈现一定颜色。光谱如图 5-2 所示。

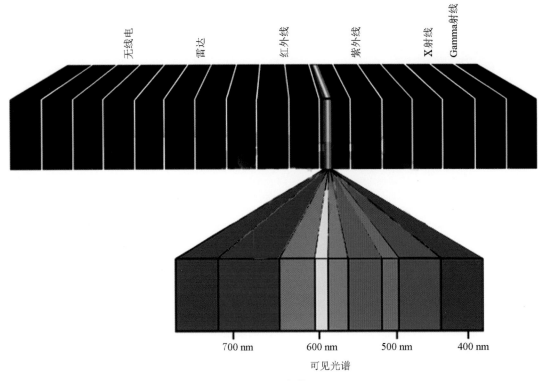

图 5-2　光谱

在可见光谱中,红色光的波长最长,它的穿透性也最强。比如说:清晨的太阳为什么是红的? 这是因为清晨的太阳光照到我们身上需要穿过比中午几乎厚三倍的大气层,而且清晨的空气中含有大量水分子,阳光穿过它们时,其他色光大多被吸收、折射或反射了,只有红光以巨大的穿透力,顽强地穿过大气层、水蒸气来到地面。在此期间,大部分蓝紫色光都被折射在大气层及水蒸气里,而到达地面上的太阳光大部分是红橙色,所以太阳看上去是红色的。

在卫星上看天空本来是漆黑一团,但为什么在地球上看天空是蓝色的呢? 这就是因为太阳光照到地球上,其中蓝紫色的光因其穿透性最弱而被空气吸收、折射、反射了,这些蓝光散布在空气中,看上去自然是蓝色的。

5.1.2　色彩的分类

1.原色

色彩按不同纯度可分为原色、间色和复色。原色纯度高,间色次之,复色纯度较低。

颜料的三原色称为第一次色,指品红、黄、蓝三种标准颜色。自然界中的千万种颜色基本上可由这三原色混合而成,这三种原色是其他任何颜色混合不成的。原色、间色、复色如图 5-3 所示。

图 5-3　原色、间色、复色

2. 间色

间色,又称为第二次色,由两种颜料原色混合而得的色。它是由两个原色混合而得的结果。

品红＋黄＝橙

蓝＋品红＝紫

黄＋蓝＝绿

如果将原色分量加以改变,还可以混合出多种不同的中间色,其中数字为混合量的多少。

红 1＋黄 1＝橙

红 2＋黄 1＝红橙

红 3＋黄 1＝橙红

红 1＋黄 2＝黄橙

红 1＋黄 3＝橙黄

黄 3＋蓝 1＝黄绿

黄 1＋蓝 2＝蓝绿

黄 1＋蓝 1＝绿

红 1＋蓝 1＝紫

红 1＋蓝 2＝蓝紫

3. 复色

三种原色或两种以上间色按不同比例混合调配出的无数种颜色,统称为复色。

4. 补色

在三原色光中,任二原色光混合而成的色光,与另一原色光相对,即为互补色。在 12 色环上成 180°角的任两色均为互补色,如:红一绿、蓝一橙、黄一紫。

色料中原色与补色混合,实质上是三原色混合,因此,混合结果均为中性灰色或黑色,三原色不同比例的混合,可得到不同色调的复色,饱和度和亮度都大大降低,不如间色那样鲜艳、明亮。

5.无彩色、有彩色、独立色

色彩按色相可分为黑、白、灰无彩色系(或称极色),红、黄、蓝等有彩色系,以及金、银等独立色系(或称金属色)。

无彩色系包括黑、白及黑白混合而成不同明度的灰色。

有彩色系包括具有色彩三要素的所有色彩,如大红、柠檬黄等纯色,橙、淡黄、粉红等混合色。

独立色是指金、银、铜等有金属光泽的色彩。

5.1.3 色彩的三要素

色彩的三要素即色相、色度、色性。

1.色相

色相即色彩的相貌,它是区别色彩特征的最重要的因素,以此赋予各个色彩的名称,如红、橙、黄、绿、蓝、紫等。绘画中常用的色彩有红色系的橘红、朱红、大红、玫瑰红、深红等;黄色系的柠檬黄、浅黄、土黄、中黄、橘黄等;绿色系的淡绿、橄榄绿、草绿、翠绿等;蓝色系的湖蓝、钴蓝、普蓝、群青等;紫色系的青莲、紫罗兰等;褐色系的赭石、熟褐、土红等。

色相环是将不同色相的高纯度色彩按照光谱顺序首尾相接所形成的圆环。色相环对认识色彩、了解色彩关系有着重要意义,也是色彩绘画的理论基础之一。伊顿色相环如图 5-4 所示,它是以红、黄、蓝三原色为基础,加上橙、绿、紫 3 个间色称为 6 色,然后再找出这 6 色各自相邻的红橙、黄橙、黄绿、蓝绿、蓝紫、红紫 6 复色,构成12 色相环。

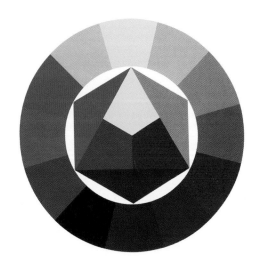

图 5-4 伊顿色相环

在色相环上,位置相距 5°以内的色为同一色,同一色形成的对比最弱,是通过加入黑或白改变明度产生差异而形成的对比,其效果是含蓄、柔和、统一感强的。

在 45°范围内的色为邻近色,邻近色形成的对比明快、丰富、和谐、生动。

相距 120°左右的色为对比色,对比色形成的对比鲜明、强烈、刺激。

相距 180°左右的色为互补色,互补色形成的对比是所有色彩关系中最为强烈的对比,互补色也被称为矛盾色,任何两种互补色按适当比例相混都可以得到灰浊色。互补色对比作品如图 5-5 所示。

2.色度

1)明度

明度指色彩的明暗深浅程度。色彩对光的反射率越高,其明度越高。白色对光的反射率最高,因而其明度也最高。黑色对光的反射率最低,因而其明度也就最低。在一种颜色里,加入白色越多,其明度就越高,加入黑色越多,其明度就越低。在画中如大量使用白色,可提高画面的明度。

在不加黑白色时,各种单纯的色彩明度是有区别的。在光谱中,明度按从高到低的排序分别是黄、橙、红、绿、蓝、紫。伊顿色相环明度变化图如图 5-6 所示。

明度有两层意思:一是不同色相其明度不一样;二是同一种颜色本身因加黑加白造成明度不同。

明度对比:当两种颜色并列时,出现灰而沉闷的弊端,就应该在明度上找原因,拉开明度对比,使暗的更暗,亮的更亮。明度对比作品如图 5-7 所示。

图 5-5　互补色对比作品

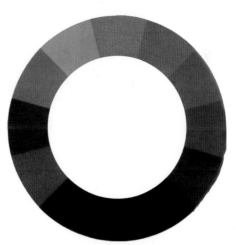

图 5-6　伊顿色相环明度变化图

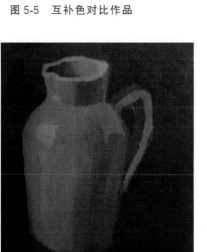

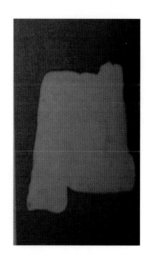

图 5-7　明度对比作品

2)纯度

纯度指色彩的鲜灰程度,也称鲜度、彩度、饱和度。红色是所有色彩中纯度最高的颜色。任何颜色加入白色,其明度提高,但纯度下降;加入黑色时,不仅明度下降,纯度也降低。一个色彩只要不加入其他色彩,就是高纯度色彩,只要加入了其他色彩且加得越多,纯度就越低。黑、白、灰无色彩,其纯度等于零。

纯度包含三层意思:是否加入其他颜色;是否加黑或白;调和剂即水的多少。

纯度也体现了色彩的内在品质。在实际生活和设计中,对色彩纯度的选择往往是决定某种颜色的关键。对色彩纯度的把握能力能够反映出对色彩的掌握水平。

纯度对比是一种饱和色和不饱和色的对比,是一种和谐的对比效果。纯色与复色相邻时,纯色更纯,复色更灰。纯度对比作品如图 5-8 所示。

图 5-8　纯度对比作品

3. 色性

色性指色彩的性格。由于人对颜色的心理反应,而产生冷和暖的情感效应。这是人类对自然现象的体验造成的。暖色系是指黄、红、褐、赭,给人温暖的感觉,使人联想到火焰、太阳,一般是色彩中偏向于中黄色的色调。冷色系是指绿、蓝、紫,它们给人以清冷、宁静、凉爽的感觉,是色彩中偏向蓝紫色的色调。在日常生活中的喜庆活动多用暖色调装饰,追悼会悲哀的场面、炎夏时节的凉爽的环境多用冷色调装饰。如果包含有两种色素的颜色,又可称为中间色,它的冷暖倾向不是十分明显,如果中间色的暖色素明显占优势,倾向暖调,冷色素占优势的则倾向冷调。

色彩的倾向在理论上虽如此明确,但在实际的调配和使用中,错综复杂的冷暖色感只能在比较中相对地加以区别。以红色中的朱红与玫瑰红为例,朱红中带有黄味,具有暖调感;玫瑰红中带有紫味,紫色中有青、蓝色素,具有冷调感。

冷暖对比:冷暖有时是相对的,由于色彩的相互作用,有些冷色在某些画面中会产生暖的感觉。冷暖并列,冷的更冷,暖的更暖。冷暖对比作品如图 5-9 所示。

图 5-9　水彩静物的冷暖色调对比

暖色调水彩静物如图 5-10 所示,冷色调水彩静物如图 5-11 所示。

图 5-10 暖色调水彩静物

图 5-11 冷色调水彩静物

冷、暖色调水粉石膏头像如图 5-12 所示。

图 5-12 冷、暖色调水粉石膏头像 李武

水粉风景的冷暖对比如图 5-13 所示。

图 5-13　水粉风景的冷暖对比

5.1.4　影响物体色彩关系的要素

固有色、光源色、环境色是影响物体色彩关系的主要因素。

1.固有色

柔和光线下,物体呈现的色彩是固有色,即物体自身的颜色,如图 5-14 所示。固有色一般呈现在物体中间色部分。

图 5-14　固有色

2.光源色

由于光的照射引起物体受光部分色彩的变化称为光源色。光源色分暖光和冷光两大类。光源可分为自然光、人造光、有色光、无色光、暖色光、冷色光等。各种光都带有不同的色光特点,如电灯光偏黄、日光灯光偏蓝、磷光偏绿等。同一物体在不同光照下就会产生不同的色彩效果。光源色一般呈现在物体的亮面。

受光方式不同也可产生色彩变化,如直射和反射,以及物体直接受光面的色彩与物体背光面受到周围物体的反光照射所产生的色彩就有明显的对比。光源色如图 5-15 所示。

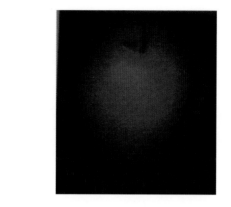

图 5-15　光源色

　　光强度影响色彩变化。较弱的日光如早上朝阳、傍晚的夕照和中午的强日光对同一物体的色彩反映并不相同。印象主义画家莫奈的教堂组图就是用不同色调画了许多教堂，表现了由于时间不同和光的强弱不同产生的丰富而微妙的色调变化现象，如图 5-16 所示。

图 5-16　教堂

3. 环境色

　　环境色是指以一个物体在周围环境对它影响后产生的色彩因素。环境色的强弱和光的强弱成正比，与物体的光滑程度也有关系：物体表面光滑，环境色对比强烈；物体表面粗糙，则环境色对比弱。环境色一般呈现在物体的暗面。环境色如图 5-17 所示。

图 5-17　环境色

　　光源色、固有色、环境色是影响物体色彩的三因素,如图 5-18 所示,但三者不是均等地起作用,而是在不同的条件下,所起的作用也不一样。如在室内环境下固有色较明显;在条件光下,光源色则起主导作用;在光滑的物体上环境色的作用就很明显。(见图 5-19)

图 5-18　色彩的三因素

图 5-19　不同条件下,色彩主导因素不同

4. 空间色

　　空间色是因物体距离的远近不同而产生的色彩透视现象。物象距离我们眼睛越近,色感越强,反之就越弱。在空气质量较高的山区,我们发现,近水是绿色,中景山是青蓝色,故人称"青山绿水"。由于以上原因,绘画就出现了近暖、远冷,近实、远虚,近纯、远灰的色彩的透视,如图 5-20 所示。

图 5-20　色彩的透视

5.1.5 物体色彩的变化规律

1.色彩的远近变化规律

(1)距离越近,色相越明确,色彩越鲜明;距离越远,色相越模糊,色彩越变灰。了解色彩远近和扩张、收缩的变化规律,对于我们表现画面的空间关系非常重要。

(2)色彩本身也有远近感,暖色有向前冲的感觉,冷色有隐退的感觉。暖色近、冷色远。比如一片黄色油菜花地,近处是黄色,远一点的是黄绿灰色,再远一点就呈冷黄灰色。

(3)色彩明暗对比的强弱,也直接影响着色彩空间透视的变化,对比强的有前进感,对比弱的有后退感。

2.色彩的冷暖变化规律

(1)物体亮部色彩主要是光源色与固有色的结合,受光部分是冷色,背光部分必然是偏暖色。

(2)物体亮部与暗部冷暖程度取决于该物体的光源色和环境色的冷暖程度。

(3)同一色彩的物体,前面物体的色彩冷暖对比强,后面物体的色彩冷暖对比弱。

(4)物体呈暖色,周围色必定偏冷;物体呈冷色,周围色必定偏暖。

(5)物体色彩较艳,周围色彩纯度需减低,达到灰艳对比的效果。

(6)物体的固有色通常出现在明暗交界的亮部灰色区。亮部灰色区呈暖色时,亮光则呈现冷色。

(7)物体暗部的色彩主要是环境色与固有色的混合,暗部和投影色彩一定是亮部色的补色。反光部分受环境色影响最大,随环境反射的色彩变化而变化。

概括地说,物体的受光部是暖色,与之相对的背光部就是冷色。亮部色彩是光源色与固有色的混合,高光色基本是光源色、微量固有色和白色的混合。中间调子层次则以固有色成分最强,有少量的光源色和环境色成分,交界线是物体色彩与该物体色彩的补色的混合。暗部色彩主要是物体固有色与环境色的混合。反光色主要是环境色与少量暗部色彩的混合,投影色是物体的补色、受投影物体色彩与环境色的混合。反光色的强弱与该物体的表面质感相联系,光滑物体反光色彩强,粗糙物体反光色彩弱。

5.2

色彩练习 ◀◀◀

学习项目一　调色练习

概述

色彩在绘画表现中是极为重要的一部分,它与形体构成是造型艺术的两大要素,因而对自然界色彩规律及其运用的研究,是从事设计的人必要的工作。

技能目标

学会使用常用的水彩、水粉绘画工具,调配常用的间色、复色;掌握色彩的基本属性。

知识目标

初步了解色彩的形成、属性;识别常用的水彩、水粉颜料;理解色彩的对比、调和及颜色的搭配和调配方法。

素质目标

第一色表:做一个三原色及三间色(即六个标准色)的色轮。调和色表:用铅笔画出横七竖十九的格子,在正中间的一行七个格子中,依次填入大红、橘色、柠檬黄、中绿、群青、湖蓝、紫罗兰七种颜色,然后用十九色颜料分别与每一个色进行调配。由此可以观察色彩调和变化的规律。

知识链接

色彩的形成、色彩的三要素。

调色练习和色彩三原色练习如图 5-21 和图 5-22 所示。

图 5-21　调色练习

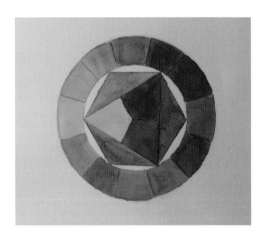

图 5-22　色彩三原色练习

学习项目二　色彩三要素练习

概述

光源色、固有色、环境色是影响物体色彩的主要因素。掌握色彩的三要素对认识色彩及调色规律有重要意义。

技能目标

掌握调配色彩的光源色、固有色、环境色。

知识目标

掌握色彩的基本属性。

素质目标

固有色、光源色、环境色的练习。

用白色石膏圆球与有棱角的柱体配上红色背景和深蓝桌面进行写生。作业意图是通过观察色彩表现去认识环境颜色(背景与桌面颜色)对主体物的色彩影响和相互的色彩对比与联系。白色石膏儿何体的色彩可以产生这样的情况,即受红色背景和蓝色桌面反射的色彩以及没有受到反射部分与红、蓝色对比后的补色色彩视觉现象,出现了灰绿与黄灰色倾向的色素。另外,还有天光的色彩倾向。这样一个物体在具体环境中,色彩可以产生三种现象:天光色(光源色)、反射色(环境色)、对比(补色),这是对色彩现象最基本的认识,实际情况将会更复杂。在色彩基础训练中对于这种基本情况的认识非常重要,它的目的不仅是为了认识色彩变化原理,在长期色彩基础实践中还可以丰富色彩语言的想象力、创造力。

知识链接

色彩的三要素。

色彩的三要素练习如图 5-23 所示。

图 5-23　色彩三要素练习

5.3

水彩表现技法 ◀◀◀

5.3.1　水彩画概述及特点

　　水彩画是用透明颜料作画的一种绘画方法,简称水彩。水彩画就其本身而言,具有两个基本特征:一是画面大多具有通透的视觉效果;二是绘画过程中水的流动性。由此形成了水彩画不同于其他画种的外表风貌和创作技法的区别。颜料的透明性使水彩画产生一种明澈的表面效果,而水的流动性会生成淋漓酣畅、自然洒脱的意趣。

　　水彩画的范畴可以扩展到古代埃及人的画卷、波斯人富有异国情调的细密画、欧洲中世纪圣经手抄本的插图,以及我国古代的传统洛阳东郊顾人残墓中布质画幔的遗迹,更早甚至可追溯到史前时代阿尔塔米拉和拉斯科的洞穴壁画。许多古代人类用颜料、树脂调和水,作为记载他们的生活琐事、传述他们社会文明的工具,随着时光的荏苒,知识的累积,历经18、19世纪欧洲水彩画的兴起,尤其是美国多位水彩画家们努力做出的丰硕成就,从此,水彩画渐近成熟。到19世纪末,水彩画已经发展出完整的独立体系。就狭义的定义而言,水彩画是指用水彩颜料,以水为稀释媒介,在纸张上作画的绘画方式,通常有透明水彩及不透明水彩两大领域。在我国把水彩画归类到西洋画的范畴,20世纪初,水彩画开始进入中国,各艺术院校实施教授、普及。

　　现代的水彩画艺术不但可以表现出清新、透明、湿润、流畅、欢快的效果,还可以达到浑厚、粗犷、劲拔等扣人心弦的境界。它善于汲取其他画种的有关技法和多种风格形式,不断丰富和发展水彩画艺术,保留并弘扬了水彩画在物质材料、形式语言、精神意蕴诸方面特有的艺术风貌。水彩画作品示例如图5-24所示。

　　随着科技的进步,新的绘画材料的产生,20世纪水彩画已不再局限于透明水彩与不透明水彩两大范畴。利用市面上常见的能用水稀释作画的材料作画,如利用石膏、压克力、透明水彩液、水彩铅笔等作画,都属于水彩画的领域。

5.3.2　水彩画的工具材料以及作画前的准备

　　工欲善其事,必先利其器。在完成一个任务之前,我们必须先了解以及准备好工具。

1.常用水彩画笔

　　对水彩画来说,选择适用的画笔是很重要的,专用的水彩画笔大致有平头和圆头两类。圆笔适合勾绘与描写,平笔适合平涂及画方正的块面、线条;另外还有专门画线条用的线笔及大面积涂刷的排笔。大部分水彩画笔是用天然与合成材料做笔毛,也有价格昂贵的貂毛画笔。从事一般性的写生或创作需要准备大、中、小三种

图 5-24 水彩画作品 柳毅

型号的圆头画笔,还要准备一把约三至四厘米宽的板刷和一两只平头画笔。以上只是对初学者的一些建议,专业水彩画家都是根据自己的经验和兴趣去选择工具的。常用水彩画笔如图 5-25 所示。

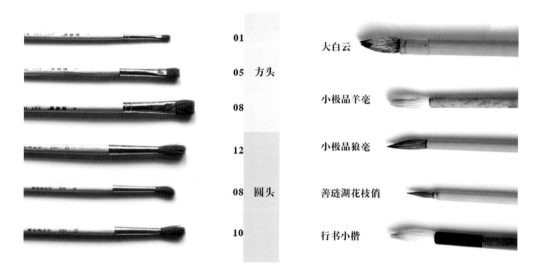

图 5-25 不同类型的水彩画笔

2. 常用水彩颜料

水彩画颜料,简称"水彩色",供绘制水彩画用的一种颜料,由透明度高、附着力强、全溶于水的树胶(如阿拉伯胶)液为载体,与各色颜料混合而成;以胶体细腻、透明,覆盖力强,色彩鲜艳,各色拼调而不起化学反应者为优。

我国市面上常见的水彩颜料一般分为两种,一种是管状颜料,用锡管包装,保存方便;一种是固体颜料,比较便于携带。颜料的品牌比较多,每一种颜料,它都有自己不同的特性,价格也不同,同学们可以根据教师的建议购买使用。常用水彩颜料如图 5-26 和图 5-27 所示。

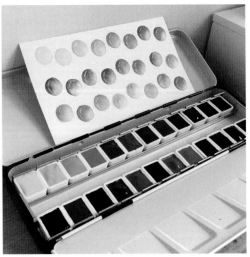

图 5-26　固体水彩

图 5-27　管状水彩

3.常用水彩画纸

国内常用水彩画纸纸张通常由棉、亚麻、碎布或木浆等材料所制成。木浆制纸很便宜,放置过久容易变质、发黄及碎裂,通常作为速写练习之用。好的水彩纸应该是由棉、亚麻或碎布所制成的,而且纸张本身或样品目录均会标示其成分,酸碱度为中性,并有厂牌的浮水印,是优良品质的保证。

画纸可以选用冷压水彩纸,水彩纸的表面颗粒有粗细之分,选择哪一种取决于个人习惯、画面内容和画幅尺度等因素,对于初学者来说,适宜的画幅尺度一般不要小于 20 cm×30 cm,也不要大于 40 cm×50 cm,长和宽的比例则根据兴趣和题材内容而定。作画之前最好先用清水将画纸的两面全部刷湿,然后用水溶胶带沿着纸张的四边把画纸粘贴在画板上,待干燥后纸面会非常平整,而且在绘画过程中纸面也不会出现太大的变形。

大部分的水彩纸规格是以宽为 22 英寸、长为 30 英寸为基准,国人称之为对开(2K),大约是 56 cm×76 cm 的尺寸,将对开的纸张对折为 4 开(4K),再对折则为 8 开(8K),依此类推。市面上可以买到的纸张通常最小为 16 开,最大为对开的 2 倍,称为全开。其实不同厂牌的纸张,规格尺寸均有些微小出入,其中日本纸的规格与欧洲各厂的纸张规格相比,会有较明显的差异。

　　纸张的厚薄是以重量来衡量,常用磅数为计算方式,磅数愈高,纸张愈厚,价钱也就愈高。纸张遇水会有膨胀的现象,如果纸张太薄,画上水彩后会有严重的凹凸起伏现象,而不平的纸面会使颜色、水分到处散开而破坏画面。因此选用较厚的纸张是有必要的,建议初学者使用的纸张厚度在 $200\sim300$ g 之间。水彩纸的表面肌理又分为粗、中粗、细纹,各有不同。常用水彩画纸如图 5-28 所示。

图 5-28　常用水彩画纸

4.调色盒的使用

　　调色盒也叫颜料盒,是水彩画、水粉画和油画调色的用具,如图 5-29 所示,一般为塑料制,白色,便于携带。调色盒在结构上有两种,一种是翻盖式的,盖上有孔,拇指伸进便于托拿,这种调色盒比较轻便但盛颜料较少,适用于外出写生;另一种是掀盖式的,盛颜料较多,因为盒盖与盒身脱离且没有孔,只能放在桌上使用,适用于在室内画较大的作品。

　　如果是选择固体水彩的话,一般可以在固体水彩的盖上调色,甚至有的固体水彩本身就具备调色格。如果是选择管状水彩的话,我们就需要配备一个单独的色彩盒,或者是调色盘,通常建议大家使用水彩保湿盒,如图5-30 所示,外加一个调色碟子,如图 5-31 所示。

图 5-29　水彩调色盒　　　　　　　　　　　　　　　图 5-30　水彩保湿盒

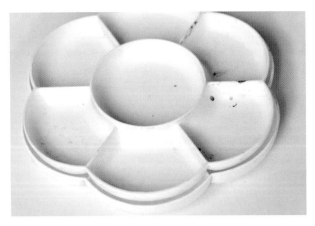

图 5-31　水彩调色碟

5.吸水布及其他工具

　　除了以上工具以外,水彩还配有很多的小道具,比较常见的有羊毛刷子、洗笔桶、吸水布必备工具,也有留白胶、水彩盐、牛胆汁等媒介工具,如图 5-32 至图 5-37 所示。

图 5-32　水彩洗笔桶

图 5-33　水彩笔刷　　　　　　　　　　　　图 5-34　水彩喷壶

图 5-35　水彩媒介

图 5-36　吸水海绵　　　　　　　　　　　图 5-37　吸水毛巾

6.水彩画的裱纸

水彩画裱纸是一种很有仪式感的操作,一如对生活的热爱,对品质的追求,精心的准备是为了更好的开始。

水彩纸是一种比较吸水的纸张,在绘画的过程中,水彩纸吸水就会产生一部分变形,对接下来的绘画会有一定的影响,而裱纸,这是把纸张湿润后进行拉平,使纸张即便在湿水的情况下也具有一定的张力,保持画面的平整。

准备裱纸需要的材料:300 g 的水彩纸(300 g 及以上的水彩纸会比较好裱,如果纸比较薄的话会容易皱起来)、比纸张稍微大一些的椴木板、美工刀或者剪刀、水胶带、羊毛刷、清水,如图 5-38 所示。

准备好纸张,裁剪好对应长度的边条。

用羊毛刷蘸水,在椴木板的表面薄薄地刷一层水,平刷即可。水不需要蘸很多,看到木板表面有一层水光就可以了,如果水比较多的话,纸张表面干了之后和木板接触面未干,纸张就容易起皱。

水彩纸反面朝向上(水彩纸粗糙的一面为正面,纹理稍平整的是反面),平摊在木板上。

羊毛刷蘸水,从纸张中间开始在纸上米字状刷水,羊毛刷的走向如图 5-39 所示,使得纸张充分在椴木板上展平。整张纸都要刷湿,但水分同样不需要太多。

小心地将纸张从椴木上揭开,正面朝上,重新铺在木板上。把椴木立起来,从一个比较平的视角,检查纸张底下有无气泡鼓起。若出现气泡,可以从纸张中心部分,放射状用刷子,把气泡挤出去。纸张比较厚的话一般很少出现气泡。这个阶段若纸张上有刷子的毛掉落,不用去把它弄出来,等纸张干后再处理。

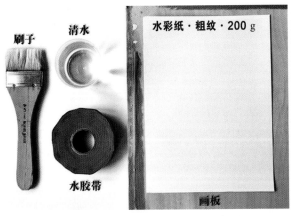

图 5-38　工具准备

图 5-39　湿润纸张

　　沿着木板和纸张的边缘贴上胶带。先封住纸张比较长的两条边,再封两条比较短的边,这样比较容易将纸张固定。指甲沿着纸张的边缘招紧,让胶带和纸张、木板充分黏合、固定。湿润和粘贴边条如图 5-40 和图 5-41 所示。

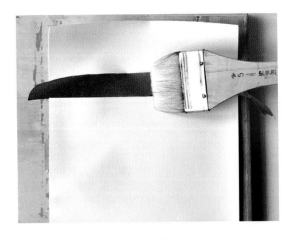

图 5-40　湿润边条

图 5-41　粘贴四边

　　裱好之后需要把椴木板平放在阴凉通风处阴干。避免倾斜画板,也要避免纸张在阳光下暴晒。因为倾斜画板和暴晒都会导致画纸局部过早干燥,而其他部分还是湿润的,干燥的一部分就会拉扯湿润的部分,导致画纸不平整。

5.3.3 水彩画的基本技法

1.水彩画的调色

从色彩的基础知识里面,我们知道色彩调和有一定的规律性,比如黄色加蓝色得到绿色,但是这些规律性通常是指理论上的,而在现实的绘画中,调色之后会产生各种不同的变化,水分的多少、纯度的高低、颜色的显性等各方面都决定了我们会接收到与理论中不一样的画面。

我们可以先通过色彩叠加的方式来练习色彩的调和,做初步的尝试,如图5-42和图5-43所示。

图 5-42 色彩调和尝试

图 5-43 色彩调色练习

2.水彩画的用笔

水彩画用笔方法是多种多样的,一般常用的有下列几种。

刷。

铺大面积色块需用一支宽的吸水好的平扁笔,由上而下横涂纸面,使第二笔和第一笔的颜色重叠一点,如图5-44所示。涂时用笔要长、轻、稳、仔细。

贴。

一般多用侧锋,饱蘸水色,看准结构,轻轻贴上几笔,以求色彩丰富,落笔有虚有实,如图5-45所示。

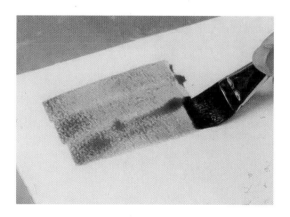

图 5-44 刷

图 5-45 贴

拖。

卧笔把笔触拖得较长,露笔锋,带飞白,一般用来画树枝、头发特征等,如图 5-46 所示。

点。

用笔尖或笔肚,在画面按出大小不同、形状不一的点,点的时候要注意疏密变化,如图 5-47 所示,一般用来点树叶等。

扫。

把笔的水色吸干,使笔锋散开,笔的侧面能接触纸头,动作要轻快,这样可以做到所需要的粗糙效果,如图 5-48 所示,适用于画枯石、枯树和动物皮毛。

洗。

洗在水彩画中称"洗涤法"。把笔洗净并吸干水分,趁画面未干时,吸去被洗部分的水分和颜色,这称为湿洗;在作品完成干了之后,为改正各种缺陷而进行的洗的操作,称之为干洗,这些方法适用于表现烟雾、蒸汽、高光和流水等,如图 5-49 所示。

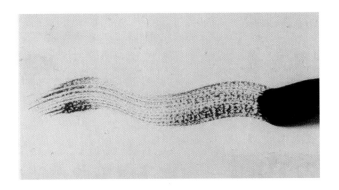

图 5-46　拖

图 5-47　点

图 5-48　扫

图 5-49　洗

刮。

刮是用笔杆或小刀刮出线条来,如图 5-50 所示。如需深线,则趁湿用笔杆刮。如在深色上需画淡色的线条,必须等底色将干还没干时用小刀或笔杆刮。这种方法适用于表现淡色或深色的细树枝、杂草等。

3. 水彩画的用水

水分的运用和掌握是水彩技法的要点之一。水分在画面上有渗化、流动、蒸发的特性,画水彩要熟悉水性,如图 5-51 所示。充分发挥水的作用,是画好水彩画的重要因素。掌握水分应注意时间、空气的干湿度和画纸的吸水程度。

（1）时间问题：

进行湿画时间要掌握得恰如其分，叠色太早太湿易失去应有的形体，太晚底色将干，水色不易渗化，衔接生硬。一般在重叠颜色时，笔头含水宜少，含色要多，便于把握形体，以可使之渗化。如果重叠之色较淡时，要等底色稍干再画。

（2）空气的干湿度：

画几张水彩就能体会到，在室内水分干得较慢，在室外潮湿的雨雾天气情况下作画，水分蒸发更慢。在这种情况下，作画用水宜少；在干燥的气候情况下水分蒸发快，必须多用水，

图 5-50 刮

图 5-51 不同位置水分的控制

同时加快调色、作画的速度。

（3）画纸的吸水程度：

要根据纸的吸水快慢相应掌握用水的多少，吸水慢时用水可少，纸质松软吸水较快，用水需增加。另外，大面积渲染晕色用水宜多，如色块较大的天空、地面和静物、人物的背景，用水饱满为宜；描写局部和细节用水适当减少。

4. 水彩渲染与衔接

水彩的渲染与衔接，通常有干湿两种。

干画法是一种多层画法。用层涂的方法在干的底色上着色，不求渗化效果，可以比较从容地一遍遍着色，较易掌握，适于初学者进行练习。表现肯定、明晰的形体结构和丰富的色彩层次是干画法的特长，干画法画面效果如图 5-52 所示。但干画法不能只在"干"字方面做文章，画面仍须让人感到水分饱满、有水渍湿痕，避免干涩枯燥的毛病。干画法可分层涂、罩色、接色、枯笔等具体方法。

层涂。

层涂，即干的重叠，在着色干后再涂色，一层层重叠颜色表现对象，如图 5-53 所示。在画面中涂色层数不一，有的地方一遍即可，有的地方需两三遍或更多一点，但不宜遍数过多，以免色彩灰脏失去透明感。层涂要注

图 5-52　干画法画面效果　刘标斌

意预计透出底色的混合效果,这一点是不能忽略的。

罩色。

罩色实际上也是一种干的重叠方法,罩色面积大一些,譬如画面中几块颜色不够统一,得用罩色的方法,蒙罩上一遍颜色使之统一。某一块色过暖,罩一层冷色改变其冷暖性质,如图 5-54 所示。罩色应以较鲜明色薄涂,一遍铺过,一般不要回笔,否则带起底色会把色彩搞脏。在着色的过程中和最后调整画面时,经常采用此法。

枯笔。

笔头水少色多,运笔容易出现飞白;用水比较饱满在粗纹纸上快画,也会产生飞白。表现闪光或柔中见刚等效果常常采用枯笔的方法。枯笔画法如图 5-55 所示。

图 5-53　层涂

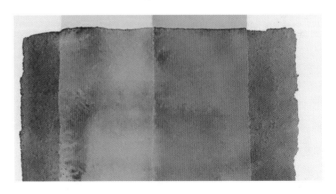

图 5-54　罩色

图 5-55　枯笔

　　湿画法可分湿的重叠和湿的接色两种。

　　湿的重叠:

　　将画纸浸湿或部分刷湿,未干时着色和着色未干时重叠颜色。水分、时间掌握得当,效果自然而圆润,如图 5-56 所示。表现雨雾气氛、湿润水汪的情趣是其特长,为某些画种所不及。

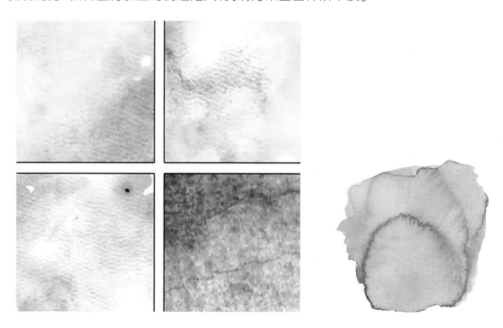

图 5-56　湿的重叠

　　湿的接色:

　　临近未干时接色,水色流渗,交界模糊,表现过渡柔和色彩的渐变多用此法,如图 5-57 所示。接色时水分要均匀,否则,水多向少处冲流,易产生不必要的水渍。

　　画水彩大都干画、湿画结合进行,湿画为主的画面局部采用干画,干画为主的画面也有湿画的部分,干湿结合、表现充分、浓淡枯润、妙趣横生。

　　水彩的各种画法非常丰富,还有刀刮法、蜡笔法、留白法、吸洗法、喷水法、撒盐法,等等,不一一罗列,留给大家自己探索与研究。

图 5-57   湿的接色

5.3.4   水彩静物写生方法和步骤

水彩静物,是一种定格在画室与画架上的语言,在水彩技法的训练中,一般是先临摹后写生,即便是写生也是从室内开始,因为室内的光线相对稳定,另外室内描绘的对象也较为简单和集中,在时间和光色上也有利于初学者的逐步把握。

1.静物单色练习

在绘画中,我们首先要把握绘画的素描关系,单色练习可以很好地做到这一点,如图 5-58 至图 5-60 所示。

图 5-58   素描关系分析   图 5-59   单色练习(一)

图 5-60   单色练习(二)

2.静物色彩分析

在绘画中,色彩本身也是有着明度变化的,同时也会因为环境光源和固有色的变化而产生变化,这就是我们所说的绘画色彩。色彩分析如图 5-61 和图 5-62 所示。

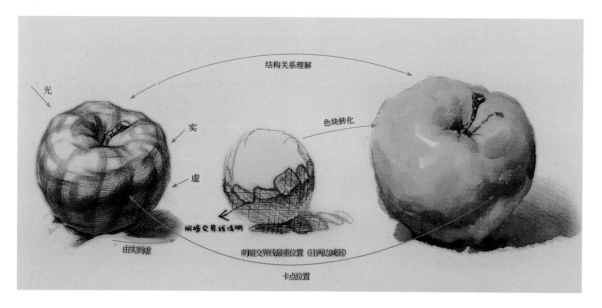

图 5-61 色彩分析(一)

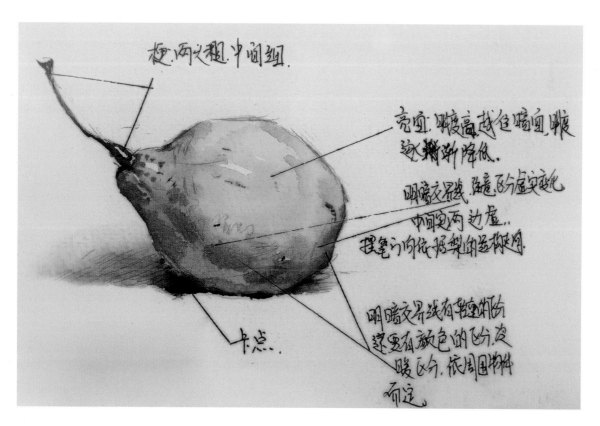

图 5-62 色彩分析(二)

3.水彩静物绘画步骤

水果的绘画步骤如下。

用铅笔造型表现出雪梨的形态特征,快速铺设亮部大色块,如图 5-63 和图 5-64 所示。

图 5-63　铅笔打型

图 5-64　亮部色块

找准色彩的微弱变化,加入少许的藤黄色,描绘灰部色块转折,加入赭色和少许普蓝色,刻画物体的明暗交界线,如图 5-65 和图 5-66 所示。

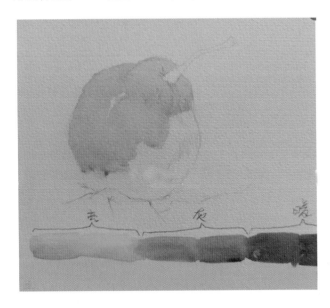

图 5-65　灰部色块

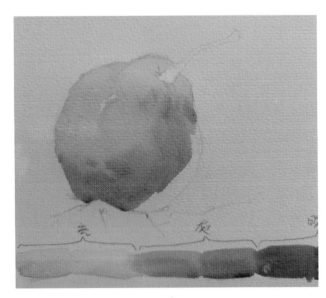

图 5-66　明暗转折

加入少许的褐色和普蓝色刻画物体的暗部,同时用笔洗出暗部的反光,调整画面效果,如图 5-67 和图 5-68 所示。

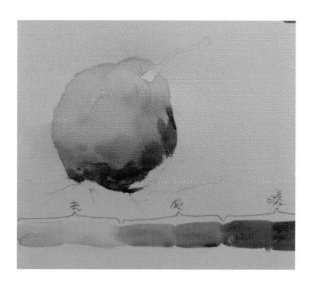

图 5-67　暗部色彩变化

图 5-68　画面调整

陶罐的绘画步骤如图 5-69 至图 5-71 所示。

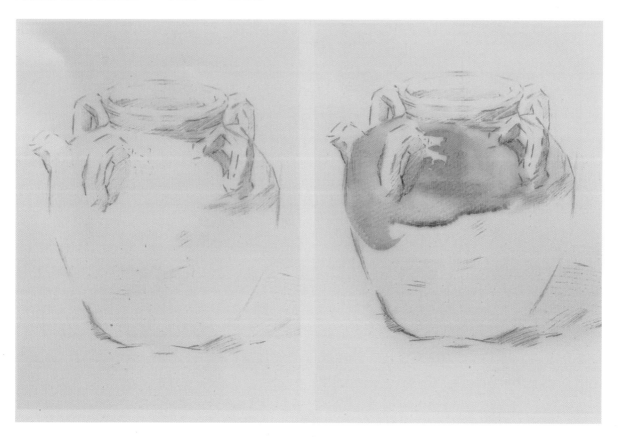

图 5-69　铅笔打型,铺亮部色块

4.水彩静物赏析

水彩静物作品如图 5-72 至图 5-79 所示。

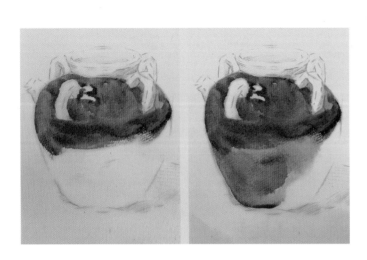

图 5-70　刻画明暗变化

图 5-71　调整画面效果

图 5-72　火龙果

图 5-73　阳桃

图 5-74　桃

图 5-75　青苹果

图 5-76　红苹果

图 5-77　餐具和水果

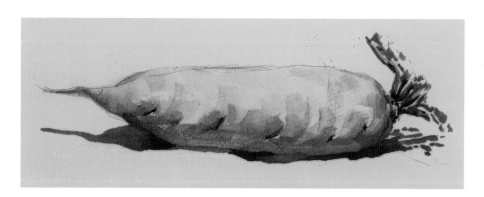

图 5-78　萝卜

图 5-79　多肉　刘标斌

5.3.5　水彩风景的写生方法和步骤

水彩风景画起源于风土地形图,18世纪地志学和制图术的发展对美国水彩画的形成产生了积极作用,到了19世纪中叶以后水彩画得到了迅猛发展,成为独立的绘画门类,同时也确立了美国水彩画在世界美术史上的地位。

水彩风景画是水彩画中的一种非常重要的题材,同时也很好地代表了水彩画的绘画风格。水彩风景有个很重要的特点就是注重写生,画家通过对光线、色彩、空气、景色的主观构造,从而构成新颖灵巧、色彩明亮、格调清新、用笔流畅的风景作品。

1.植物水彩表现

风景绘画中,树是一个重要的描绘对象,画树先观察树的外形,是圆形、方形还是其他形状,各种树的特征不同,树叶有大小,有互生、对生,还要注意光源的方向,注意不同季节树产生的变化,注意不同远近光线产生的色差。

图5-80所示的是几棵比较简单的小树,树叶的亮部偏黄绿,背光部分偏蓝绿,先画亮部色块,再画暗部色块,最后勾勒小叶片和树枝树干。

图5-80　绿色树木

绘画的时候浅色部分笔触可以大块一点,中间色块到深色色块部分笔触逐渐变小,过渡面用中间色或者用湿的笔触轻轻接触画面达到色彩渲染的效果。

暖色的树木通常过于艳丽,所以可以把它的色彩纯度降低一个色调。如果要画得比较艳丽的话,可以以深红色或者大红色为主,暗部加少量的蓝色,调和之后偏紫黑,比较有利于刻画出树的明暗立体感,如图5-81所示。

图 5-81　暖色树木

　　不同的季节,树的色彩也随之发生变化,秋季的树通常色彩绚丽,但是因为深秋也会产生色彩深色变化,图 5-82 所示的左边树的树叶以橘黄色为主,中间过渡到暗部则加入了朱红、紫色、熟褐等颜色,右边的树看起来更像冬季,树叶偏向于灰暗沉着的蓝绿色。

图 5-82　秋季植物

因为空间远近的关系,近处的树颜色也会显得比较艳丽,远处的树在光的反射下,调子会显得比较灰,经常受我们所认为的蓝色天光色所影响,这个时候的树颜色较深,偏向于冷色的绿,如图 5-83 所示。

图 5-83　空间远近对树颜色的影响

在植物的刻画中,很多树是具备自己的形态特征的,我们要能够很敏锐地把握树形以及色彩的变化,如图 5-84 所示。

图 5-84　树形和色彩变化

树枝树干的绘画,需要注意其形态变化,注意树枝的方向是偏高还是偏低,树枝如何开叉等,如图 5-85 所示。

2.水彩色卡练习

1)练习风景单色

在风景绘画中,因为光线的变化比较丰富,植物的明暗变化层次也相对多变,所以不容易掌握植物的黑和白的变化,容易出现画面平淡或者花乱现象。

在单色的训练中,刻画写生对象的黑和白,凸显物体的受光和背光状态,是一种较为有效的素描关系训练方式,如图 5-86 和图 5-87 所示。

2)练习色块掌握

小色稿的练习是风景写生训练中最快捷的色彩掌握方式之一。抛开细节,直观感受色彩变化,它能使我们快速地把握对象的色彩,是色彩变化训练中比较有效的方式,如图 5-88 和图 5-89 所示。

3)练习色彩渲染

小色稿的练习不仅有助于对色彩的掌握,有助于对明暗的掌握,还可以做到对画面色彩渲染的概括,大的画幅对于色彩的渲染不容易控制,小的画幅更加有利于整体性的控制,如图 5-90 至图 5-92 所示。

图 5-85 树枝树干的变化

图 5-86 单色风景水彩(一)

图 5-87　单色风景水彩(二)　刘标斌

图 5-88　色块变化(一)

图 5-89　色块变化(二)

图 5-90 色彩渲染（一）

图 5-91 色彩渲染（二）

图 5-92 色彩渲染（三） 黄其民

3. 水彩风景绘画步骤

图 5-93 所示的是水彩写生示例照片,水彩风景绘画步骤如下。

图 5-93 水彩写生照片

铅笔起稿,构筑自己需要的画面,如图 5-94 所示。

图 5-94 铅笔起稿

以最快速度把对象的明暗表现清楚,将需要大色块渲染的部分,以最快捷的笔触表达出来,确定画面整体色彩关系,如图 5-95 所示。

逐步深入和调整画面,注意画面中的虚实和对比关系,如图 5-96 所示。

刻画细节和调整画面最后的效果,如图 5-97 所示。

一些风景写生如图 5-98 和图 5-99 所示。

图 5-95 明暗关系表现

图 5-96 深入调整画面

图 5-97 金秀瑶天下 刘标斌

图 5-98　科师院池塘

图 5-99　科师院小道

4.水彩建筑表现

以苗寨建筑的写生为例,苗寨的建筑非常密集,随着岁月的流逝,木制的建筑构架产生了一种自然的形变,呈现出一种古老的气息。苗寨建筑的写生步骤如图 5-100 至图 5-102 所示。

在绘画中,我们眼睛能看到的东西非常丰富,这个时候就需要我们对对象进行概括,尤其是色彩的概括,要懂得有的放矢、有紧有松,能够把物体的主要特征表达到位,并且又不浪费笔墨,在紧和松之间达到一种艺术渲染的效果。

图 5-100　苗寨建筑写生步骤（一）

图 5-101　苗寨建筑写生步骤（二）

图 5-102　苗寨建筑写生步骤(三)　张奇

　　图 5-103 和图 5-104 所示的是君武公园的场景,君武公园是一所国家级公园,公园的树非常高,由马君武先生所种,线条感很强,非常漂亮,在绘画的时候特别容易被这种自然式的线条所打动。

图 5-103　君武公园(一)　刘标斌

图 5-104　君武公园(二)　刘标斌

村舍、苗寨的写生作品如图 5-105 和图 5-106 所示。

图 5-105　村舍写生

图 5-106　苗寨写生　黄其民

5.水彩水体表现

水面,包括江、河、湖、海、小溪、瀑布,等等,虽然很复杂,但是都可以依照平静水面的绘画方式来分析。画面中的水主要通过倒影和波纹来体现,水面的色调一般比其他物体的色调略为统一,水面可以用湿画显得水润自然,也可以用干画显得光线明媚,无论干湿都最好一次性画好,保持水面的透明感觉,如图 5-107 至图 5-113所示。

图 5-107　科师院水景　李娟娟

图 5-108　生态学院水景　刘标斌

图 5-109　水体(一)

图 5-110　水体(二)

图 5-111 水体(三)

图 5-112 水体(四)

图 5-113 溪水临摹

6.水彩山石表现

　　山基本上可分为树木稀少的土山、石山和长满植物的山,从构图上来说,有远景、中景、近景三种区别;色彩上,因为地理位置的不同而千变万化,也因为距离远近的不同而产生不同的光源色影响。

　　画山主要抓住山的形体变化,层峦起伏、受光部、背光部都是山的主要形态。山体的颜色非常丰富,裸露出来的山有褚红色的暖色,也有蓝灰色的冷色,长满植物的山一般来说都是冷色,但是一些特定地域和有特定植物的山除外。水彩山石表现如图 5-114 至图 5-119 所示。

图 5-114　桂林山水

图 5-115　山石(一)

图 5-116　山石(二)

图 5-117　山石(三)

图 5-118　山石(四)　范祥厚

图 5-119 山石(五) 李绍中

5.3.6 部分水彩绘画赏析

水彩绘画作品如图 5-120 至图 5-139 所示。

图 5-120 百合(一) 刘标斌

图 5-121　百合(二)　马诗慧

图 5-122　玫瑰　刘标斌临摹

图 5-123　樱花

图 5-124 扶桑 刘标斌

图 5-125 村口 袁如梦

图 5-126　鸭子　刘标斌

图 5-127　紫荆　刘标斌　　　　　　　　　图 5-128　柿　刘标斌

图 5-129　学院风景　刘标斌

图 5-130　花（一）　陆慧慧

图 5-131　花（二）　梁丽祥

图 5-132　花（三）　黄小方

图 5-133　荷塘　刘标斌

图 5-134　古建筑

图 5-135　江南小景

图 5-136　船　吴兴亮

图 5-137　街巷　吴兴亮

图 5-138　寿宁桥　施名禄

图 5-139　慈恩塔　施名禄

5.4

其他色彩表现形式 ◀◀◀◀

限于篇幅原因,其他色彩形式仅做简单介绍。

5.4.1　钢笔淡彩表现

1. 钢笔淡彩特点

钢笔淡彩是将水彩晕染与钢笔画相结合的画种,是城市速写、风景、建筑、室内绘画中常用的表现形式。这种形式的优点在于可以发挥水彩晕染独具的清澈、明快的特点,也可以发挥出线条所具有的明确、清晰的特点。这对于区分物体的空间层次、明暗转折、形体细部、色彩变化都是极为方便有利的。

钢笔淡彩所用的工具主要是钢笔。钢笔种类繁多,有普通的绘图钢笔、漫画钢笔、针管笔。这些笔虽然都可以绘制钢笔画,但是绘制出来的线条、笔触、填色块的效果是极为不同的。

钢笔淡彩首要的步骤就是打钢笔稿。钢笔稿的绘制形式较为多样,既可以采用轻松随意的方式,也可以采用工整细致的方式。无论如何钢笔稿需要表现出物体的形体、空间的透视、细部的质感,如果有特殊需求的话可以加粗线条。其次就是水彩颜料上色,上色时一定按照由浅入深的步骤上色,根据画风采用随意或严谨的方式。线稿可以很随意但要有形。

2. 钢笔淡彩作品欣赏

钢笔淡彩作品如图 5-140 和图 5-141 所示。

图 5-140　钢笔淡彩作品(一)　刘标斌

图 5-141　钢笔淡彩作品(二)　甘露

5.4.2 马克笔表现

1.马克笔工具特点

马克笔,也是记号笔,是一种书写或绘画用的彩色笔,本身含有墨水,且通常附有笔盖,一般有坚软双笔头,一头小头,一头大头。

马克笔的颜料具有易挥发性,用于一次性的快速绘图;常使用于设计物品、广告标语、海报绘制或其他美术创作等场合;可画出变化不大的、较粗的线条。箱头笔为马克笔的一种。马克笔墨水分为水性和油性的墨水,水性的墨水是不含油精成分的,油性的墨水因为含有油精成分,故味道比较刺激,而且较容易挥发。

2.马克笔作品赏析

马克笔作品如图 5-142 至图 5-147 所示。

图 5-142　公园花坛效果图　麻新美

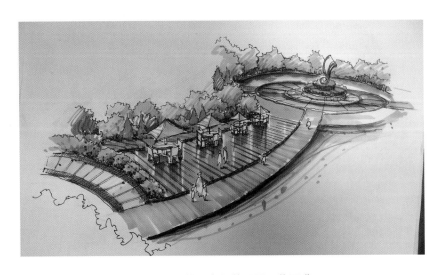

图 5-143　休闲广场效果图　曾可滢

图 5-144　黄姚古镇效果图　刘标斌

图 5-145　公园节点效果图　王梅柳

图 5-146　公园鸟瞰效果图　林叶荧

图 5-147 相思林 刘标斌

5.4.3 彩铅色彩表现

1.彩铅工具特点

彩色铅笔分为两种,一种是水溶性彩色铅笔(可溶于水),另一种是不溶性彩色铅笔(不能溶于水)。

不溶性彩色铅笔可分为干性和油性,一般市面上的大部分都是不溶性彩色铅笔,价格便宜,是绘画入门的最佳选择;画出的效果较淡,简单清晰,大多可用橡皮擦去,有着半透明的特征,可通过颜色的叠加呈现不同的画面效果。不溶性彩色铅笔是一种较具表现力的绘画工具。

水溶性彩色铅笔又叫水色彩笔,它的笔芯能够溶解于水,碰上水后,色彩晕染开来,可以实现水彩般透明的效果。在没有蘸水前和不溶性彩色铅笔的效果是一样的,可是在蘸上水之后就会变得像水彩一样,颜色十分漂亮,而且色彩很柔和。

2.彩铅作品欣赏

彩铅作品如图 5-148 所示。

图 5-148 池塘风景 甘露